Pythonによる
異 常 検 知

曽我部東馬 著

曽我部 完 監修

Ohmsha

はじめに

　「異常検知」という言葉を聞いたとき、そんなに難解なものではない、と思う方はたくさんいると思います。異常があるものを見つけるだけ、といえば確かに簡単ですね。人間であれば、目で見て異常の有無は簡単にわかるからです。

　しかし、異常検知の専門書を開くと、非常にとっつきにくいと感じる方がほとんどでしょう。このギャップは、異常検知を行う主体が、人間ではなくコンピュータであることに起因しています。人間の視覚能力と脳の判断能力をもたないコンピュータに異常検知を行わせるためには、コンピュータに同様の機能をもたせるしかありません。この両方の機能を同時に達成できる手段が、機械学習です。

　機械学習について説明するとき、なにか普遍的な観点や土台はないのだろうか、と筆者はずっと考えてきました。以前、ある専門書で「最先端の機械学習の多くは、最小二乗法でおおむね説明できる」という理念に出会い感動しました。しかし、最小二乗法の説明で頻出する誤差や誤差関数は、数式で表現されており難解です。もっとわかりやすい概念で機械学習アルゴリズムの原理や誤差と誤差関数を説明できないものかと考えていました。

　そんなとき、機械学習を用いた異常検知の本の執筆依頼がありました。承諾してから3ヶ月経ったある日、機械学習の基本である誤差と誤差関数が、異常検知という応用分野との架け橋になっていることに気付きました。それなら、誤差という観点から機械学習のアルゴリズムを解釈すれば、異常検知分野の基本と応用が自明となるのではないかという発想が浮かんできました。誤差・誤差関数に関する数学的な表現を実践性が高い異常検知分野とリンクさせることで、抽象的な誤差・誤差関数の概念が具体化され理解しやすくなるのです。本書はこのような背景で書かれています。

　通常の機械学習ではほとんど無意識に使われている誤差関数ですが、異常検知においては、「裏」ではなく「表」で活躍しています。誤差から機械学習アルゴリズムを理解できるかどうかが、異常検知の手法を自在に応用できるかどうかの鍵となるのです。本書は、誤差から機械学習の基本を理解し、その延長線上として、異常検知の各手法の基本を自然と把握できるように構成しています。本書を読み終わったときに、新しい異常検知手法を自ら構築できるという自信が湧いてきたならば、それが筆者にとって最大の喜びです。

また、本書の第4章は、最先端技術である深層学習を用いた異常検知の応用事例から将来の発展まで、詳しく説明しています。筆者の知るかぎり、この内容が本として紹介されるのは国内初です。第4章は株式会社グリッドのAIエンジニアチームの最新の知見からまとめた部分が多く、内容の正当性を含め手法の妥当性を監修していただきました。

　最後に、本書の企画から最終稿までご協力いただいたオーム社の皆さま、コーディングに協力してくれた曽我部研究室の斯波廣大君、Malla Dinesh君。日頃からお世話になっている電気通信大学 i-パワードエネルギーシステム研究センター（i-PERC）の同僚たち、株式会社グリッドの仲間たち、そして私を支えてくれる家族と仲間たちに心から感謝したいと思います。

2021年1月

曽我部　東馬

本書のサポートページ

　本書で用いたソースコードは、以下からダウンロードできます。

・https://github.com/sogabe-tohma/Python-code-for-anomaly-detection

利用上の注意

・本プログラムは、本書をお買い求めになった方がご利用いただけます。
・本プログラムの著作権は、曽我部東馬・曽我部完に帰属します。
・本書に掲載されている情報は、2020年12月現在のものです。ライブラリのバージョンアップなどによって動作しなくなることがありますので、ご注意ください。
・本プログラムを利用したことによる直接あるいは間接的な損害に対して、著作者、監修者、およびオーム社はいっさいの責任を負いかねます。利用は利用者個人の責任において行ってください。

目次

第 0 章 | 機械学習と異常検知   1

  0.1 異常検知とは？   2

    1 異常検知の定義   2

    2 異常検知におけるデータの分類と手法の選択   3

    3 異常検知の活用例   4

  0.2 本書の意義と構成   7

第 1 章 | 機械学習と統計解析の基本モデル   9

  1.1 機械学習と誤差関数   10

    1 教師あり学習と教師なし学習   10

    2 誤差 δ と誤差関数 L 11

    3 バイアス（平均）とバリアンス（分散）   13

    4 誤差関数と異常検知   15

  1.2 機械学習と統計解析の比較   16

    1 類似性   16

    2 相違性   18

  1.3 教師あり学習——分類と回帰   22

    1 回帰とはなにか   22

    2 分類とはなにか   24

    3 統計モデルと代表的なアルゴリズム   25

    4 機械学習モデルと代表的なアルゴリズム   28

  1.4 教師なし学習——特徴抽出・クラスタリング・次元削減   60

    1 次元削減とクラスタリングの等価性   60

    2 1 重行列による次元削減（主成分分析）   62

    3 多重行列による次元削減   68

4 統計分布による次元削減（t-SNE） 72

5 競合学習による次元削減 79

6 モンテカルロ粒子フィルタによるベイジャン型次元削減 87

第2章 | 非時系列データにおける異常検知 91

2.1 異常検知とデータ構造 92

1 異常検知の4ステップ 92

2 3種類のデータ構造と異常検知の手法 93

2.2 正規分布に基づく異常検知 95

1 1次元正規分布に基づく異常検知 95

2 多次元正規分布に基づく異常検知 102

3 多変数マハラノビス＝タグチ法に基づく異常検知 107

2.3 非正規分布に基づく異常検知 110

2.4 高度な特徴抽出による異常検知 115

1 k平均法 115

2 Expectation-maximization algorithm（EM法） 117

3 主成分分析 117

4 AutoEncoder(AE) と制約付きボルツマンマシン（RBM） 119

2.5 関数近似に基づく異常検知 121

2.6 異常検知モデルの検証 125

1 混同行列 125

2 ROC曲線 130

第3章 | 時系列データにおける異常検知 139

3.1 時系列データの性質 140

1 時系列データ解析の背景 140

2 時系列データ解析の前提条件 142

3.2 自己回帰型モデルによる時系列データの解析 146

1 自己回帰とは 146

2 AR（自己回帰）モデルの原理 148

	3	MA（移動平均）モデルの原理	156
	4	ARMA（自己回帰移動平均）モデルの原理	160
	5	ARIMA（自己回帰和分移動平均）モデルの原理	163
	6	SARIMA（季節性自己回帰和分移動平均）モデルの原理	167

3.3　状態空間モデルによる時系列データの解析　170
1　自己回帰型モデルとの違い　170
2　状態空間モデル学習の前提条件　171
3　状態空間モデルの概要　171
4　より複雑な状況における状態空間モデル　178

3.4　機械学習による時系列データの解析　187
1　単変数の時系列データに対する機械学習　187
2　多変数の時系列データに対する機械学習　191

3.5　時系列データにおける異常検知　196
1　自己回帰モデルによる時系列データの異常検知　197
2　機械学習による時系列データの異常検知　204

第4章 ｜ 深層学習による異常検知　219

4.1　深層学習フレームワーク ReNom を用いた異常検知　220
1　seq2seq を用いた人工データに対する異常検知　220
2　seq2seq を用いた心電図データに対する異常検知　226
3　生成モデル anoGAN を用いた画像データに対する異常検知　229
4　LSTM を用いた心電図データに対する異常検知　235

4.2　深層学習による異常検知の応用事例　243
1　表面検査　243
2　故障評価　246

4.3　異常解析分野の現状と課題　254
1　データの高次元性と非構造多様性　254
2　学習結果の可読性と可視化　255

参考文献　256
索引　260

機械学習と異常検知

　具体的な説明へと入る前に、異常検知とはなにか理解しましょう。最初に簡単な定義を行い、対象となるデータや解析手法をざっと眺め、実社会における活用例を示します（0.1 節）。続けて、本書の意義と構成を説明します（0.2 節）。

0.1

異常検知とは？

　本編をはじめる前に、異常検知の定義と意義を簡単に説明します。また、それを踏まえて、本書の構成と特徴を示します。

1 ｜ 異常検知の定義

　異常検知とは、データのなかから「ほかと違うもの」を見つけだす技術と定義できます。非常に簡単でわかりやすい概念のようにみえますが、細かく吟味するとなかなか抽象的で、奥深い表現です。

　異常検知は、人間ではなくコンピュータが主体となる技術です。そのため、定義内にある「ほかと違うもの」を見つけだすとは、「ある情報に対して判断と解析を行う」というコンピュータに対する制約条件を意味します。要するに、異常検知を行うコンピュータは、ある程度判断や解析を行える、知能のようなはたらきをもつ必要があります。

　コンピュータに判断・解析を行わせるということは、人間と同じように学習を行う必要があります。つまり、異常検知を実現するためには、機械学習の技術が必要になります。機械学習をはじめとしたデータ分析の技術には、機械学習や統計学のモデルが用いられます。機械学習モデルと統計モデルの微妙な相違点については 1.2 節に譲りますが、ここで強調したいのは、異常検知という学問は、機械学習と等価の学問だということです。本質的に同じものであるため、機械学習の手法をいかに効率的に適用するかが、異常検知における焦点となります。

　本書はまさにその点にフォーカスしており、誤差関数を通じて機械学習を理解することで、異常検知におけるモデル選択の考えかたや注意点などを身につけることができます。

2 │ 異常検知におけるデータの分類と手法の選択

　ここで、異常検知の定義の際に述べた「データ」というキーワードについて少し議論します。機械学習の分野ではデータに関するさまざまな分類基準があります。たとえば、画像データと非画像データ、構造データと非構造データ、測定データと予測データなどが挙げられます。どの基準を使っても間違いではありませんが、異常検知に限定した本書においては、**「時系列データと非時系列データ」**という分類基準を採用します。時系列データと非時系列データに関する厳密な説明は本書の 3.1 節に譲りますが、ここでは 2 種類のデータにおける異常検知の一般論について語ります。

　すでに言及しましたが、異常検知には機械学習や統計学の手法を適用できます。そのため、時系列データと非時系列データに対する異常検知の特徴は、時系列データと非時系列データに対する機械学習や統計学による分析の特徴から理解できます。図 0.1 は、時系列データと非時系列データに対する機械学習や統計学の手法、それぞれの対応能力を示しています。

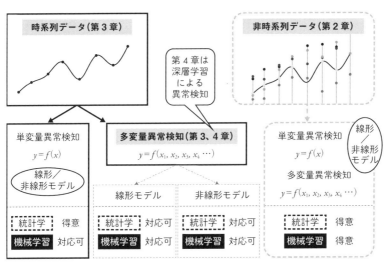

図 0.1　時系列／非時系列データと異常検知の手法

非時系列データの異常検知は、モデルの線形性や非線形性、単変量と多変量によって少し違いがあるものの、おおむね両手法とも得意であることがわかります。それに対して、時系列データの場合は、両手法の違いが顕著に現れます。時系列データにおける単変量機械学習の解析手法には、リカレントニューラルネットワーク（Recurrent Neural Network, RNN）や、それを拡張した LSTM（Long short-term memory[1]）、およびゲート付き回帰型ユニット（Gated recurrent unit, GRU [2]）などがあります。

　しかし、このような深層ニューラルネットワークの手法は、もともとブラックボックス手法と言われるように、説明性より予測精度を重視しています（1.2節参照）。そのため、解析結果に関する系統的な理論分析はありません。また、時系列データの単変量解析においては、統計手法の多くが効果的である一方、ほとんどの機械学習手法では**見せかけの回帰**[3]という誤りが起きやすくなっています。これは第3章で詳しく言及します。

　一方、多変量時系列解析においては、両手法とも対応可能で優劣の違いはほとんどありません。多変量同士の因果関係分析には、グレンジャー因果検証[4]という統計解析の手法があります。しかし、実際の問題に影響を与えうる変数が多い場合や、変数同士が非線形相関をもつ場合などにおいては、かなり複雑になり解析は不可能に近くなります。この点に関しては、多変量複雑モデルのベースとなる機械学習の手法も、前述したように「説明性がない」「ブラックボックスだ」などの批判の声があります。つまり、客観的にみると、複雑な問題では機械学習と統計解析どちらの手法でも容易ではない、という認識をもつべきではないかと思います。

3 ｜ 異常検知の活用例

　最後に、異常検知の応用と重要性について触れます。異常検知は「データから異常を見つけだす」という技術です。我々の実際の生活には、このような「ほかと違う異常信号」を検出することが、たいへん重要な役割を果たします。異常検知は、次のような分野で活用することができます。

① 不正侵入検知
　不正侵入検知は、字面からもわかるように異常検知が適している分野です。

侵入検知とは、コンピューターシステムまたはネットワークで発生するイベントを監視し、侵入を発見・分析することです。侵入とは、正常の手順と規則に従わず、コンピュータまたはネットワークのセキュリティメカニズムを回避して、コンピュータやネットワークの内部に入る行動と定義されます。異常検知の目的は、このような正常の手順と違う異常行動を効果的に検出ことにあります。

従来の不正侵入検知システムは、ブラックリスト手法という署名ベースに基づいています。そのため、既知の攻撃であれば検出できますが、新たなサイバー脅威を検出することはできません。今後の課題として、ブリックリストと照らし合わせるだけではなく、新たな不正侵入の行動パターンから異常検出する必要があります。本書で紹介する機械学習による異常検知は、このような問題にある程度対応することが可能です。

② 詐欺検出

詐欺検出とは、金銭などを目的とする犯罪行為の検出を指します。犯罪行為を行う悪意のあるユーザーは、実際の顧客である可能性も、顧客になりすました他者の可能性もあります。後者の場合は、個人情報の盗難の可能性もあります。詐欺行為の種類はさまざまですが、身近な例としては、保険金請求を装ったものや、クレジットカードなどの情報を不当に入手するものなどが挙げられます。

この場合に有効な異常検知の目的は、悪意ある行動を識別するか、顧客になりすましている悪意のあるユーザーを識別して検出することです。この場合、いかに高速かつ正確にリアルタイム検出できるかが課題となります。また、おもに金銭が目的となるので、誤分類コストが高く、高度な検出精度が要求されます。

③ 医療情報学と医療診断

病気とは健康状態と相反する状態と考えると、異常現象と捉えられます。そのため、医療現場においても異常検知技術を活用することができます。たとえば、異常な患者記録を検出したり、病気の発生を検出したり、計測エラーを検出することができます。現在の課題として挙げられるのは、異常と正常はおもにラベルのみの利用になるので、質のよい訓練データを用意することが容易でない点です。また、命にかかわる分析なので、誤分類コストが非常に高く、たいへん高度な検出精度が要求されます。

④ 画像処理／ビデオ監視

　画像処理における異常検知は、マンモグラフィ画像解析・ビデオ監視・衛星画像解析などの分野において、重要な役割を果たしています。ビデオの録画データのような時系列画像データの場合、時間の経過とともに監視画像の異常値を検出する必要があります。そのため高速・高精度の検出手法が望ましいのですが、技術的にはまだ対応できていません。

　一方、非時系列データは動的に検出する必要がないので、大量の訓練画像データから高精度な異常検知手法を構築することは可能です。とくに、深層学習は画像認識において、極めて高い精度を達成することができます。

⑤ 産業用欠陥損傷検出

　産業用欠陥損傷の検出とは、複雑な産業用システムの障害や製造加工道具の構造的損傷、電子セキュリティシステムへの侵入、ビデオ監視での疑わしいイベント、異常なエネルギー消費など、さまざまな障害の検出を指します。

　たとえば、航空機の安全な保守運用において、異常検知は欠かせない技術です。航空機の使用歴データやエンジン燃焼データの異常は、見過ごすわけにはいきません。課題としては、産業用データの多くはデータサイズが非常に大きいうえにノイズがたくさん含まれている場合が多いため、前処理が煩雑である点が挙げられます。

　さらに、ラベル付けされていないデータが多いので、機械学習を用いた異常検知を行うための訓練データ作成に時間がかかります。また、入手可能なデータは一時的な動作を示すことが多いので、全体にわたり異常検知を行うのは困難です。そのうえ、製造加工現場では、異常なイベントの検出に速やかに対応する必要があるので、異常検知の精度より、中精度で高速な異常検出技術が要求されます。

　産業分野での異常検知は、第 4 章でさまざまな研究例を紹介します。

0.2

本書の意義と構成

　社会は本格的な IoT（Internet of Things）時代に突入しつつあります。IoT 時代では、さまざまなモノがインターネットとつながり、広範囲かつ大規模なデータが収集されます。IoT で取得されたデータは、収集・蓄積・可視化というプロセスを経て、データとしての 1 次価値を得ることになります。たとえば異常検知の場合、センサーから収集された生の時系列データ／非時系列データが、1 次価値をもつデータに当たります。

　ただし、1 次価値のみをもつデータが役立つシーンは非常に限定的です。より広く役立つのは 2 次価値をもつデータです。データの 2 次価値とは、<u>収集された 1 次価値をもつデータを解析し、データに潜んでいる規則性や相関性を発見し、未知の事象に対する新たな傾向と結果を予測する</u>ことにより生まれます。2 次価値を創生することで、はじめて社会全般に大きな革新をもたらすことにつながるのです。そして本書で解説する異常検知は、もちろんデータに 2 次価値をもたらす手法です。

　2 次価値を作りだすには、1 次価値をもつデータの解析が必要です。そういったデータ解析には、機械学習や統計解析のモデルがたびたび用いられます。本書は、モデルの学習を通じて異常検知の理論を理解し、最終的に読者自身が異常検知の独自モデルを構築できるようになることを目指します。解説する手法は、一般に機械学習の手法とされるもの（**機械学習モデル**）と統計解析の手法とされるもの（**統計モデル**）、両方を含みます。解説は以下の流れで行います。

- **第 1 章**：機械学習の説明と統計解析との比較、および代表的なモデル紹介
- **第 2 章**：非時系列データにおける異常検知の解説
- **第 3 章**：時系列データにおける異常検知の解説
- **第 4 章**：深層学習による異常検知の検証、および応用事例紹介

　機械学習モデルと統計モデルは、両者とも「データから価値のあるものを得る」ことを最終目的としており、どちらもデータからなにかを学習するという面においては大差ありません。しかし異なる名称がついており、たびたび比較されることも事実です。そのため本書では、機械学習モデルと統計モデルを比較して類似性や相違性について言及しながら、機械学習の基本原理・アルゴリズム・各手法の選定基準などを解説していきます。

　解説にはできるだけ Python のサンプルコードを付けるようにし、数式の羅列にならないよう心がけました。数式をプログラムに落とし込む際の参考となりましたら幸いです。また、数式だけ読んでもよくわからない場合も、そこで諦めずに、サンプルコードを動かして挙動を確認したのち、振り返って確認してみてください。

　最後に補足となりますが、異常検知の分野においては、正常データが圧倒的に多く、異常データは非常に少ないのが一般的です。数が少ない異常データから特徴を学習し、異常データの確率分布を正しく得るのは非常に困難です。そのため本書は、異常ラベルなしのサンプルデータにおける異常検知にフォーカスしました。異常ラベルありのサンプルデータにおける異常検知について関心をお持ちの方は、ほかの参考書（たとえば、「異常検知と変化検知」井手剛・杉山将 著、講談社、2015 年）をご参考にしていただければ幸いです。

機械学習と統計解析の基本モデル

　異常検知には、専用の特別なモデルがあるわけではありません。機械学習や統計解析の代表的なモデルを用いることが一般的です。そのため、異常検知のしくみを理解するためには、代表的なモデル自体を理解することが手っ取り早いといえます。

　本章では、誤差関数に着目して機械学習や統計解析の手法を解説します。まずは誤差や誤差関数を定義し、機械学習のしくみを簡潔に示します（1.1 節）。次に機械学習と統計解析の類似性や相違性について論じ（1.2 節）、具体的な各モデルの解説に入っていきます（1.3 節～）。

1.1

機械学習と誤差関数

1 │ 教師なし学習と教師あり学習

　機械学習とは、多くのデータをコンピュータに学習させて、そこに潜むパターンや特徴を見つけだすことによって、未知のデータに対して識別・分類・予測などを行う技術です。学習するデータのことを、**訓練データ**や**サンプルデータ**とよびます。

　たとえば、手書きの数字が描かれた画像から、その数字がなにか読みとりたいとします。このとき、手書き数字の「2」という訓練データがあるとしましょう（**図1.1 上**）。

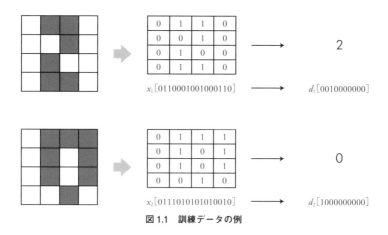

図 1.1　訓練データの例

　手書き数字の「2」という画像データをベクトル表記に直すと

$$x:[0, 1, 1, 0, 0, 0, 1, 0, 0, 1, 0, 0, 0, 1, 1, 0]^T$$

10

と表現できます。ここで、$x = [x_1, x_2, \cdots, x_K]^T$ は訓練データを構成する**入力値**とよびます。続いて、手書きの「2」と対応する正解の数字「2」も、同じようにベクトル表記に直すと

$$d:2 \quad \rightarrow \quad d:[0010000000]$$

となります。d は訓練データを構成する**正解値**とよびます。正解値は、機械学習の分野、とくに分類問題においては、しばしば**ラベル**とよばれます。

ラベル d が独立した第三者から与えられた場合の機械学習は、**教師あり学習**とよばれます。それに対して、ラベルではなく、入力データそのものや入力データの特徴値を使用して d を定義する場合は、**教師なし学習**とよばれます。

なお、手書き数字の2や数字の2をベクトル変換したように、機械学習のモデルが学習しやすい0と1のベクトル表現に変更することを、**One-Hot エンコーディング**とよびます。

2 │ 誤差 δ と誤差関数 L

「2」以外の数字も、たとえば図 1.1 下に示す「0」のように、入力値 x とラベル d の定義により、(x_2, d_2) ……と用意することができます。これが**訓練データ**です。多数のサンプルデータの入力セット x_i とラベルセット d_i, $i = 1, 2, 3 \cdots N$ がある場合、表記を簡略化するために、X と d を使って表現します。

$$X = \begin{bmatrix} x_1{}^T \\ x_2{}^T \\ \vdots \\ x_N{}^T \end{bmatrix} = \begin{bmatrix} x_{11} & \cdots & x_{1K} \\ x_{21} & \cdots & x_{2K} \\ \vdots & \vdots & \vdots \\ x_{N1} & \cdots & x_{NK} \end{bmatrix}, \quad d = \begin{bmatrix} d_1 \\ d_2 \\ \vdots \\ d_N \end{bmatrix}$$

機械学習の基本的なしくみは、このような訓練データを用いて、式(1)で定義する**誤差** δ_i の**誤差関数** L を最小にするよう学習を行うことです。

目　的： $\min(L)$

制限条件： $L = g(\delta)$, $\quad \delta = d - f(X)$ $\hspace{4em}$ (1)

この式の $f(X)$ は、訓練データの入力値 X の関数を表しています。また、前章で触れた機械学習モデルは、関数 $f(X)$ と対応しています。関数 $f(X)$ の具体的

な中身は、重みベクトル $\boldsymbol{w} = [w_1, w_2, \cdots, w_K]^T$ を用いれば、目的に合わせて、次のように多種類の数学モデルから柔軟に選択・設計できます。

- **簡単な線形近似式**：$f(X) = X\boldsymbol{w} + b$
- **非線形多項式**：$f(X) = \boldsymbol{\phi}(X)\boldsymbol{w} + b$　たとえば

$$
\boldsymbol{\phi}(X) = \begin{bmatrix} \varphi(\boldsymbol{x}_1)^T \\ \varphi(\boldsymbol{x}_2)^T \\ \vdots \\ \varphi(\boldsymbol{x}_N)^T \end{bmatrix} = \begin{bmatrix} x_{11} & x_{11}^2 & x_{12} & \cdots & x_{1K} & x_{1K}^2 \\ x_{21} & x_{21}^2 & x_{22} & \cdots & x_{2K} & x_{2K}^2 \\ \vdots & \vdots & \vdots & \vdots & \vdots & \vdots \\ x_{N1} & x_{N1}^2 & x_{N2} & \cdots & x_{NK} & x_{NK}^2 \end{bmatrix}, \quad \boldsymbol{w} = \begin{bmatrix} \boldsymbol{w}_1 \\ \boldsymbol{w}_2 \\ \vdots \\ \boldsymbol{w}_T \end{bmatrix}_{T=2K}
$$

- **複雑なニューラルネットワーク**：$NN(X\boldsymbol{w} + b)$

　式(1)にある $\boldsymbol{d}$ は、前述した訓練データの正解値の部分です。式(1)からわかるように、機械学習の目的は、関数 $f(X)$ にサンプルデータの入力値 X を入力して計算した関数値（予測値ともよぶ）$f(X)$ と実際のサンプルデータの正解値 d との間の誤差 δ、そして誤差関数である L を、できるかぎり最小になるように関数 $f(X)$ のパラメータ $w_1, w_2, ..., w_K, b$ を調整していくことです。

　$g(\boldsymbol{\delta})$ は、誤差関数 L の近似式です。最も一般的な形は、2乗誤差和

$$
g(\boldsymbol{\delta}) = \|\boldsymbol{\delta}\|_2^2 = \sum_{i=1, 2 \ldots N} \boldsymbol{\delta}_i^2 : \boldsymbol{\delta}_i = \boldsymbol{d}_i - f(\boldsymbol{x}_i) \tag{2}
$$

で表わすことができます。$\|\cdot\|_2$ はユークリッドノルム、あるいは L_2 ノルムです。もちろん、実際の機械学習のアルゴリズムにおける誤差関数 $L = g(\boldsymbol{\delta})$ の扱いは、式(1)よりはるかに複雑です。以下のような考慮すべき点が挙げられます。

- (1) 誤差 δ_i の正負性、つまり予測値と正解値の大小関係
- (2) 誤差 δ_i の次元、つまり1乗誤差か2乗誤差か
- (3) 誤差関数 L を最小化するということについて

　(1)と(2)は、わかりやすい概念です。ここでは(3)について少し吟味しましょう。

　項目(3)はパッと見た感じ、当たり前のことのように思えますが、非常に意味深いポイントです。少し大げさな表現でいうと、項目(3)は、機械学習においてあらゆるアルゴリズムを設計する際の指針を表しています。

「誤差関数 $L = g(\boldsymbol{\delta})$ を最小化する」ということは、なにも難しく考えなければ、最小 2 乗和である $\sum \delta_i^2$ の場合は、すべての誤差 δ_n が 0 になり、$L = g(\boldsymbol{\delta}) = 0$ になればよいのではないかと思いがちです。しかし、実際は誤差関数の値を 0 にさせることは、データの数と近似関数 $f(X)$ の係数 w や b の数と依存するので、簡単なことではありません。このあたりの詳しい説明は、機械学習の全分野における教本である文献 [5] の第 1 章の導入部分に詳述されているので、ここでは割愛します。

一般的に、機械学習の分野では、$g(\boldsymbol{\delta})$ が 0 になればよいという考えかたは、決してよいことでないとされています。ほかの分野ではこのような見かたが成立するケースもあるかもしれませんが、機械学習においては避けたほうがよいケースがほとんどです。なぜなら、$g(\boldsymbol{\delta})$ が 0 になるということは、機械学習の分野では過学習という問題となるからです。しかしながら、$g(\boldsymbol{\delta})$ が 0 ではない適当なところで学習を止めると、学習が不完全のままで終わり、学習不足という問題が起きます。それでは、$g(\boldsymbol{\delta})$ をどの程度で止めたらよいかというと、問題は一気に複雑になります。この問題を打破するために、次節で説明する「誤差関数の設計に関する、バイアスとバリアンスのトレードオフ性」を調整する必要があります。

3 ｜ バイアス（平均）とバリアンス（分散）

各アルゴリズムには、それぞれの設計上の特徴がありますが、ここでは、誤差関数設計の理論指針を簡単に述べます。少し深いところまで掘り下げていくので、内容はやや難しくなります。

誤差関数 L は通常、誤差関数の期待値である $E_D[L]$ を用いて、次のように理論的に記述 [6] されています。

$$E_D[L] = [E_D[f(x)] - h(x)]^2 + E_D\{[f(x) - E_D[f(x)]]^2\} + E_D\{[h(x) - d]^2\} \quad (3)$$

式 (3) は一見複雑にみえますが、以下のような概念式として表現できます。

$$E_D[L] = \left[\text{バイアス}\right]^2 + \text{バリアンス} + \text{ノイズ}$$

この場合の**バイアス**は、真の回帰関数 $h(x)$（誰も観測できないモデル）とすべてのデータ集合 D の取りかたに関する予測値の期待値 $E_D[f(X)]$ のずれであり、**バリアンス**は予測モデル $f(X)$ の分散を表しています（**図 1.2**）。

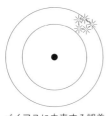 

バイアスに由来する誤差　　　バリアンスに由来する誤差

図 1.2　バイアスとバリアンス

　学習モデルが多数のパラメータを使用している場合、小さいバイアスを達成するのは容易です。しかしこのような小さいバイアスをもつモデルは、しばしば汎化機能が弱く過学習になりがちなので、予測精度の向上を妨げる最大の要因になります。また、汎化機能が高いモデルでは、しばしばバイアスが高くなり学習不足になりがちです。

　このように、バイアスとバリアンスのトレードオフは機械学習における最大の課題です。そのため、過学習や学習不足の防止を目的とした、さまざまな手法が提案されています。

　次節以降でさらに詳しく言及していきますが、誤差関数と異常検知は、コインの裏表のような関係をもっています。異常検知を理解するためには、誤差関数についての深い理解が重要です。本書では各アルゴリズムを説明する際に、誤差関数のトレードオフ性を取り上げます。

4 ｜ 誤差関数と異常検知

　異常検知は、データのなかから特徴的な値を見つけだす技術です。特異な値を見つけたり、変化の兆しを発見したりと、通常のデータとは「なにか違うな」という点を発見するものです。そういった点のことを**外れ値**とよびます。

　外れ値を発見するためには、そういった値を発見するための異常検知モデルを構築し、なにが異常なのかを定義し、さらに異常度の閾値を定義することが必要です。これらの流れには、機械学習の手法が数多く含まれています。

　異常検知については第2章で詳しく述べますが、まずここで知ってほしいのは、異常検知のしくみを理解するためには機械学習の典型的なモデルの理解が必要だということです。また、数多くあるモデルのなかから適切な1つを選ぶために、機械学習モデルと統計モデルの類似点と相違点を理解しておくことが重要です。

　また、異常検知のしくみを理解するには、誤差関数の意味を理解することが近道となります。前述した異常度の閾値の設定などは、誤差関数を学ぶことによって、自然と把握することができます。

1.2

機械学習と統計解析の比較

　1.3 節以降で、データ分析に用いられるさまざまなモデルやアルゴリズムの紹介を行います。その前に、本書における機械学習と統計解析に対するスタンスを明示しておきます。これらは類似性、あるいは相違性がたびたび論じられます。

1 ｜ 類似性

　Carnegie Mellon 大学の Larry Wasserman 教授らは「機械学習と統計解析は基本的に同じであり、大きな違いはない」という見解を示しています。その理由はとても簡単で、機械学習と統計解析の代表的な専門書の各章のタイトルと内容を確認すれば自明といえるでしょう。たとえば文献 [7] と文献 [8] の内容を精査すれば、確かに両手法は、ほぼ同じ内容と同じ解析技術を扱っていることがわかります。

　とはいえ、Larry Wassermann 教授らは、両者がまったく同一であると言っているわけではありません。統計解析は「低次元問題における正式な統計的推論（信頼区間・仮説検定・最適推定量）を強調している」、そして機械学習は「正確な予測を行うことに重点を置いている」と述べ、両者の違いについて言及しています。

　ただし、ここで注意しなければならない点があります。それは、機械学習と統計解析には、着眼点や目的の差異でない「異なるようにみえるだけ」のポイントがあることです。着眼点や目的の相違点は本質的ですが、用語が異なる点などは、単なる見かけ上の問題であると解釈できます。

　図 1.3 は、『統計的学習の基礎：データマイニング・推論・予測（共立出版、2014年）』の著者の 1 人である Robert Tibshirani 教授が作成した、機械学習と統計解析における主要用語の対応関係を示すものです [9]。

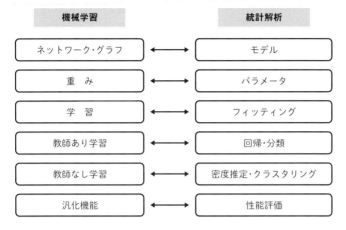

機械学習		統計解析
ネットワーク・グラフ	←→	モデル
重　み	←→	パラメータ
学　習	←→	フィッティング
教師あり学習	←→	回帰・分類
教師なし学習	←→	密度推定・クラスタリング
汎化機能	←→	性能評価

名称は異なるが、指し示す内容は同じ

図 1.3　機械学習モデルと統計モデルにおける用語の対応関係

　両分野におけるおもな用語どうしの対応関係が明示されており、類似性が非常に高いことがわかります。また、統計解析の最も大きな特徴といえる「性能評価」は、機械学習における「汎化機能」と対応しており、両者が実は同じことに着眼していることがわかります。

　これらの用語を、実際にグラフで示したものが**図 1.4** です。図で示す 3 つのグラフは、同じデータに対して異なる 3 つの手法を適用した結果を示しています。上のグラフは、データ群に対して最も近い線を導くものです。この処理は、機械学習では**教師あり学習**、統計解析では**回帰**と呼称されます。統計解析ではたびたび $y = ax + b$ と表現されますが、機械学習の場合は**パラメータ**を**重み**と表現するため、$y = wx + b$ とされるのが一般的です。下 2 つの例も同様です。いずれも名称が異なるだけで、処理としては同一のことを行っています。

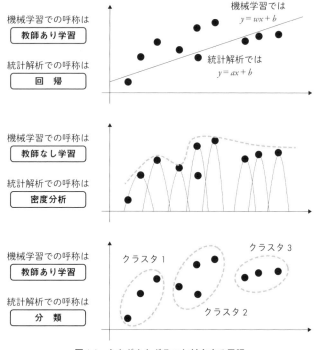

機械学習での呼称は
教師あり学習

統計解析での呼称は
回　帰

機械学習では
$y = wx + b$

統計解析では
$y = ax + b$

機械学習での呼称は
教師なし学習

統計解析での呼称は
密度分析

機械学習での呼称は
教師あり学習

統計解析での呼称は
分　類

クラスタ 1

クラスタ 3

クラスタ 2

図 1.4　さまざまなグラフと対応する用語

2 ｜ 相違性

　前節では、機械学習と統計解析それぞれのモデルの類似性を示し、両手法は着眼点と目的を除けば同一であると結論付けました。機械学習モデルと統計モデルは根本的に違うと主張する専門家もいますが、類似派と異なる差異を指摘しているのではなく、着眼点と目的の相違性を類似派より重視していると考えられます。同じコインの違う面をみているだけで、類似派と相違派のどちらが正しいかは論じることはできませんし、本書ではその議論は行いません。

　ただし、相違性の観点から両モデルを比較することは、異常検知の現場においてモデルの選定や結果の解釈をするときに非常に役立ちます。本節では、学習モデルと統計モデルの違いを、詳細に考察し述べていきます。

目的の違い

　機械学習モデルと統計モデルは「データから価値のあるものを得る」という広域的・巨視的な観点からみると同一物といえます。しかし、データを分析する方法論の観点からみると、両者は顕著な相違点をもっています。最大の相違点は、統計モデルはデータを「説明」することを目的としているのに対し、機械学習モデルはデータから「予測」を行うことを目的としている点です（**図 1.5**）。

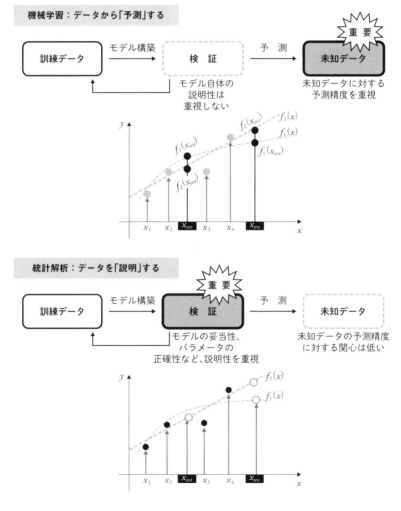

図1.5　機械学習と統計解析の目的の違い

統計モデル：データの「説明」を重視する

統計モデルの特徴を、簡単に解説します。

(1) 元データ（訓練データ）の構造を、平均や標準偏差といった統計値やグラフなどで表現します。複雑なデータをシンプルな形にして、人間が理解しやすくすることを重視します。

(2) 解析結果を考察する際に、未知のパラメータの識別および説明性を重視します。たとえば、統計モデルのなかで最も一般的である回帰モデルは、各説明変数の効果を分離することができ、高い説明性を特徴としています。また、結果に対する説明変数や分布パラメータの影響の識別も重視されます。そのため統計モデルは、データに潜んでいる不確実性を明確に考慮し、データ生成メカニズムの確率をあらかじめモデルに組み込んでいます。

(3) 解析結果と説明性が最終的な成果物であるため、データの中間処理プロセス・モデル選択の根拠・観察結果を含め、すべての分析プロセスと手順が文書化され、再現可能であるべきとされています。

(4) モデルの妥当性やパラメータの正確な推定などが重視されます。機械学習の最重要テーマであるモデルからの推論効果は、統計解析においては、データ解析における数多くのステップのなかの1つにすぎないと位置づけられています。

機械学習モデル：データを「予測」を重視する

　一方、図1.5に示すとおり、機械学習ではデータの説明性より予測精度が重視されます。極端にいえば、予測精度が上がればどんな手段を選んでも構わない、という指針です。

　統計解析と同じように、機械学習にも訓練データに対する前処理というプロセスがあります。その前処理手法自体は、統計解析のやりかたを応用しています。また、モデルの妥当性やパラメータの調整と推定も、統計解析と同様に行います（ただし、図1.3に示すように、「性能評価」でなく「汎化機能」とよんでいます）。このように、技術や手順自体は、統計解析とよく似ています。ただし機械学習の場合、すべての工程はデータからの説明性を上げるためではなく、最終の予測精度を上げるための手段と考えます。

　このように、機械学習と統計の手法は、技術や手順自体は似通っている一方、なにを目的としてなにを重視するかが明確に異なります。これを「似ている」とするか「似ていない」とするかは人によるでしょう。

　現実社会においても、似たような議論は存在します。たとえば「結果がすべてである」と主張する人に対して、「いや結果はすべてではない、どうしてその結果になったかという理由が大事」と主張するようなものです。これらはどちらの理念が正しいかという問題ではなく、どちらの理念を支持するかという「哲学」の問題です。機械学習と統計解析における相違点は、まさに哲学的であると捉えたほうが無難といえるでしょう。

1.3

教師あり学習──分類と回帰

　回帰と分類はもともと統計用語ですが、近年、機械学習の分野でも頻繁に使用されています。この2つは統計解析と機械学習に共通する考えかたであり、最も頻繁に使われる専門用語の1つなのですが、実は専門的に統一された定義が見当たりません。本書では、1.1節で説明した誤差関数という観点から、回帰と分類の定義を行います。

1 ｜ 回帰とはなにか

　回帰とは、解析対象となる数値と要因となる数値の関係に、数学関数を当てはめるための解析手法です。1.1節で説明した内容と照らし合わせると、解析対象は訓練データの正解値、要因となる数値は訓練データの入力値、数学関数は学習モデル $f(x)$ とそれぞれ対応しています。

　図 1.6 の左のグラフは、1つの訓練データ点に対する回帰例を示しています。この図からわかるように、訓練データ点に対する「点回帰」であるので、点の右側にいっても左側にいっても誤差として現れ、点から離れれば離れるほど誤差が大きくなります。この傾向をグラフで表現すると、サンプルデータが位置する中間部は凹んでおり、サンプルデータから離れた両側が上がるという形状（右上左上）になります。

　この形状を数学的に表現してくれるのが、1.1節で説明した誤差関数です。点回帰の誤差関数で最も簡単なのは、放物線の形（中間部は凹んでおり、両側が上がる）をもつ2次曲線です。誤差関数 L を式で表現すると、以下のようになります。

$$L = \|(d - y)\|_2^2$$

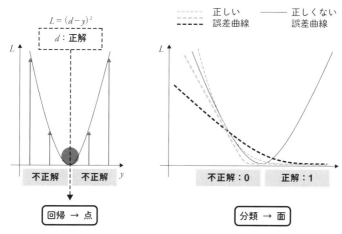

$$L = (d-y)^2$$

d：正解

正しい
誤差曲線

正しくない
誤差曲線

L

L

不正解　不正解

不正解：0　正解：1

回帰 → 点

分類 → 面

図 1.6　分類と回帰のグラフ

　この d は、1.1 節で説明した訓練データのラベルです。また、このラベル d は独立した第三者から与えられるため、ここで取り上げられている回帰と分類は、教師あり学習になります。y は学習モデルに使用する近似関数 $f(X)$ の出力です。

　ここで、線形回帰の例を取り上げます。1.1 節で説明したように、機械学習は訓練データ x_i を用いて誤差関数の総和が最小になるように、$f(X)$ にあるパラメータを決めます。たとえば、以下のように処理します。

$$f(X) = Xw + b$$
$$min\ L = min \sum_{i=1 \ldots N} [d_i - f(x_i)]^2, \quad x_i \in X \tag{4}$$

　回帰用の誤差関数は多数あるので、**図 1.7** 下側に典型的な回帰用誤差関数[10]をまとめています。これらの回帰誤差関数を眺めると、例外なく共通する特徴として、中間部は凹んでおり、両側が上がるという形状をもっています。

　2 乗誤差関数は、今まで説明してきた放物線型の誤差関数です。**τ−分位誤差関数**は、2 乗誤差 $[d - f(x)]^2$ より 1 次誤差 $|d_i - f(x_i)|$ を採用します[11]。また、右側（正誤差側）と左側（負誤差側）の誤差に、違う重みをもたせています。どちらを重視するかは重み τ で調整します。また、**ε−不感誤差関数**は、誤差関数の中心部、$-\varepsilon < x < \varepsilon$ の領域において誤差を 0 にさせ、それ以外の部分は 1 次誤差を採用しています[12]。**Huber 誤差関数**は、誤差関数の中心部に $-c < x < c$ の領域において 2 乗誤差を採用し、それ以外の部分は 1 次誤差を利用しています[13]。

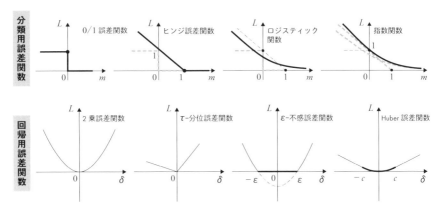

図 1.7　代表的な誤差関数

　なぜ、このようにさまざまな組み合わせを行うかというと、1.1 節で説明した過学習と学習不足の問題、すなわちバイアスとバリアンスのトレードオフに対応するためです。

2 ｜ 分類とはなにか

　図 1.7 上側のグラフは、分類を表しています。分類とは、誤差関数の観点からみると、ある領域における回帰として理解できます。図 1.7(上)のグラフは、2 種類の分類があると仮定しています。右の領域全部は「1」、左の領域全部は「0」となっています。もし「1」は正解、「0」は不正解だったら、右の領域にいくほど誤差が下がり、左の領域にいくほど誤差が上がらないといけません。

　分類においても、この特徴を数学的に表現してくれるのが誤差関数です。ただし、回帰問題の特徴と違うので、図 1.7(上)からわかるように、点回帰に適した放物線のような形をもつ 2 次関数は、もはや適していません。そのかわりに、同図右のグラフに描いた点線で表示している曲線を作れる数学式が、分類の誤差関数として使えます。たとえば、式(5)〜(7)に示す指数型の減衰曲線がその 1 つです。

$$f(x_i) = wx_i + b \tag{5}$$

$$L = e^{-m} = e^{-f(x_i)d_i} \qquad d \in \{0, 1\} \tag{6}$$

$$min\ L = min \sum_{i=1..n} e^{-f(x_i)d_i} \tag{7}$$

　ここでの d は、今まで説明してきた訓練データのラベルです。$f(x_i)d_i$ の積は

マージンとよび、mとして表記します。この誤算関数は後述する **AdaBoost** の誤差関数として採用されています。また回帰と同じように、多数のデータがある場合、誤算関数の総和が最小になるように、パラメータを学習します。

図 1.7 (上) には、このような分類誤差関数をリストしています。これらの誤差関数を眺めると、例外なく共通する特徴として、片側は上がり、片側は下がるという形状をもっています。これは分類問題が「面」回帰を行っている由来です。

具体的にいうと、**0/1 誤差関数**は、マージン $m = f(x_i)d_i \geq 0$ のとき誤差は 0、$m = f(x_i)d_i < 0$ のとき誤差は 1 にしています。**ヒンジ誤差関数**は、後述する**サポートベクトルマシン（SVM）**に使われている誤差関数[14]です。形が 135° 開いた蝶番と似ているので、ヒンジ誤差関数と名付けられています。マージン $m \geq 1$ のときは、0/1 誤差関数と同様に、誤差が 0 になります。マージン $m < 1$ のときは、誤差が $(1-m)$ になります。さらに、ヒンジ誤差関数の汎化機能を上げるために、誤差関数の左側において、$0 < m < 1$ のときは誤差が $(1-m)$ になりますが、$m < 0$ の領域は誤差が 0 になるように上限をかけます。最後の指数関数は、式 (5) 〜 (7) に対応しています。

多数の組み合わせをもつ分類誤差関数がある理由は、回帰と同じように、バイアスとバリアンスのトレードオフに対応するためです。

3 │ 統計モデルと代表的なアルゴリズム

統計モデルは、データからの説明性を重視しています。そのため、統計に用いられる計算アルゴリズムも、当然その特徴を反映しています。通常、統計モデルには以下のようなアルゴリズム[15]などが含まれます。

- 一般線形モデル
- 一般化加法モデル
- 一般化線形モデル
- ベイズ回帰
- 罰則付き回帰

さらに罰則付き回帰には、Ridge 回帰・Lasso 回帰・Elastic net 回帰が含まれます。**図 1.8** は、これらのアルゴリズムをまとめてリストアップしたものです。統計モデルにも多数のアルゴリズムが存在しますが、どのアルゴリズムにも必ず前提として明確に記述できるモデルがあります。なお、図 1.7 の左側の機械学習モデルについては、次項で解説します。

図 1.8 代表的なアルゴリズム

① 線形モデル

線形モデルは、最も簡単な統計回帰モデルです。説明変数が多数あるときは、式(8)のように記述できます。β は回帰パラメータを、x は説明変数を、K は説明変数の数を表しています。

$$f(x) = \beta_0 + \beta_1 x_1 + \cdots + \beta_K x_K \tag{8}$$

式(8)のような多変数回帰モデルは、**重回帰モデル**とよばれる場合もあります。このように単純な線形モデルは、応用が限定的な場合や線形回帰以外の問題、あるいは定性的な分類問題など、さまざまな問題に対応できるように非線形性のモデルを構築する必要があります。そのために統計モデルでは、2 つのアプローチによってモデルの柔軟性を上げています。

(a) 柔軟性の向上──リンク関数

リンク関数という概念を導入し、目的変数 y を一般化した $g(y)$ に拡張します。

これは一般化線形モデルであり、モデルは次のように記述できます。

$$g(y) = \beta_0 x_0 + \beta_1 x_1 + \cdots + \beta_K x_K \tag{9}$$

図 1.9 の (a) と (b) に示しているように、目的関数と説明変数の間に指数関数として
リンクされているとき、$g(y)$ を対数的リンク関数として採用すれば、説明変
数 x と再び線形関係をもつことができます。複雑なモデルをもたずに明確な数
学処理を施すことによって、線形という最も説明性が高いモデルに変換する処理
から、統計手法はモデルの説明性を重視していることが改めてわかります。

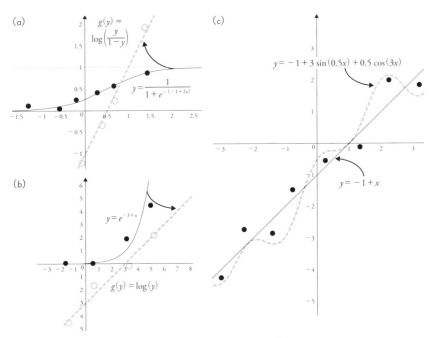

図 1.9　複雑な非線形モデルの構築

(b) 一般化加法モデル

もう 1 つのアプローチは、**一般化加法モデル**です。この加法性を利用し、さら
に説明変数 x を $\varphi(x)$ に拡張することによって、非線形問題などの複雑な問題に
対応できる柔軟性が向上します。

$$f(x) = \beta_0 + \beta_1 \varphi(x_1) + \cdots + \beta_K \varphi(x_K) \tag{10}$$

図 1.9(c) に示しているように、正弦関数と余弦関数を 2 つ組み合わせることに

よって、複雑な非線形モデルを構築できることがわかります。

　図 1.10 には、モデルにおける説明性と柔軟性の折り合いについてまとめました。同図からわかるように、統計モデルは、説明性を重視することによって柔軟性、すなわち複雑な問題への適応性が損なわれています[8]。ただし前述したように、多くの機械学習の支持派が思う以上に、統計モデルを複雑なモデルに拡張すること自体は、実は非常に容易です。しかし柔軟性を増やしすぎると説明性が弱くなるので、機械学習のように自由にモデルを構築することを控えているのです。

図 1.10　説明性と柔軟性における各アルゴリズムの分布

4 ｜ 機械学習モデルと代表的なアルゴリズム

　機械学習のアルゴリズムは多数存在しますが、図 1.8 には、最も典型的な機械学習アルゴリズムをリストしました。前述したように、機械学習は予測精度を最重視しています。そのためには、高い柔軟性をもつモデルが必要です。

　機械学習の手法は、あらかじめデータの分布や統計モデルを仮定しないという特徴があります。統計モデルを使用しない代わりに、誤差関数の設計を工夫しています。そのため、機械学習は統計手法のように明確な回帰モデルを記述するのは非常に難しくなっています。その代わり、機械学習は明確な誤差関数の記述ができます。これから、機械学習における代表的な 3 つのアルゴリズムを紹介します。

① サポートベクトルマシン（SVM）

　サポートベクトルマシン（以下 **SVM**）は、「マージン最大化」という考えかたを用いた、機械学習の手法です。深層学習がブームになる前に、最強の機械学習アルゴリズムの１つとして注目されていました。SVM の歴史は長く、一般的な紹介資料は多数あるので、詳細については各自入門書などを参照してください。ここでは SVM 手法の中心であるマージン最大化とサポートベクトルに特化して、SVM による分類と回帰について説明します。

(a) SVM による分類

　まず、SVM 分類の原理について説明します。**図 1.11** は、2 値分類における SVM の模式図です。

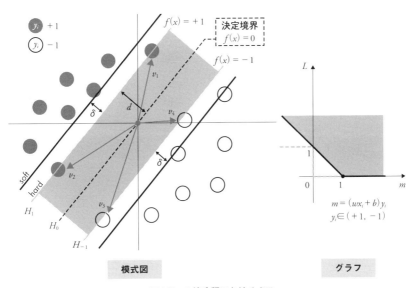

図 1.11　2 値分類における SVM

　わかりやすくするために、線形分類問題にして説明します。図 1.11 左側の模式図にある超平面 H_1 と H_{-1} 間の距離 d を最大にする問題です。H_1 と H_{-1} は $f(x)=wx+b=\pm 1$ の線であり、その線上にあるデータ点は**サポートベクトル**とよばれています。同図では、4 つのサポートベクトルを表示しています。

　H_0 にある点 (x_0, y_0) と線 $Ax+By+c=0$ の距離 d は、式 (11) のように書けます。

$$d = \frac{|Ax_0 + By_0 + c|}{\sqrt{A^2 + B^2}} \qquad (11)$$

ここで、$A = w$, $B = 0$, $c = b$, そして H_1 と H_{-1} において $wx_0 + b = \pm 1$ の条件を使うことで、距離 d をさらに簡単に表記できます。

$$d = \frac{|Ax_0 + By_0 + c|}{\sqrt{A^2 + B^2}} = \frac{|wx_0 + b|}{|w|} = \frac{1}{|w|} \qquad (12)$$

これによると、SVM の問題においては、「d を最大にする問題」は「w を最小にする問題」と等価であることがわかります。この w を最小にする手法は、**ハードSVM** とよばれます。ただし、ハード SVM は、一般に学習がうまくいきません。実際には、w を最小にするとともに、誤差 $\delta_i = |f(x_i) - y_i|$ $(\delta_i \geq 0)$ を最小にするのが一般的です。この方法は**ソフト SVM** とよびます。式で表現すると以下となります。

$$max\,[d] = min\,[|w|] : \Longleftrightarrow min\left[\frac{1}{2}|w|^2\right] : \Longleftrightarrow min\left[\frac{1}{2}|w|^2 + C\sum_{i=1}^{N}\delta_i\right]$$
$$s.t.\ (wx_i + b)\,y_i \geq 1 - \delta_i \qquad (13)$$

式(13)の不等式は数学的な技であり、超平面に位置していないデータを考慮しているからです。また、マージン $m_i = f(x_i)y_i = (wx_i + b)y_i$ として展開することができるので、これを上式に代入すると、SVM の誤差関数学習則は以下となります。

$$min\left[\frac{1}{2}|w|^2 + C\sum_{i=1}^{N}\delta_i\right] \qquad s.t.\ m_i \geq 1 - \delta_i,\ \ \delta_i \geq 0 \qquad (14)$$

上記の SVM の原理は、図 1.7 にて示したヒンジ誤差関数を用いることで、より簡単に導出することができます。図 1.7 のヒンジ誤差関数の部分を確認してください。

ヒンジ誤差関数は、次のように書けます。

$$m_i = f(x_i)\,y_i$$
$$L = min\left[\sum_{i=1}^{n} max\,\{0,\,1 - m_i\}\right] \qquad (15)$$

さらに、モデルの汎化機能を上げるために、誤差関数に一般化正則項 l_2 を導入します。

$$L = min\left[C\sum_{i=1}^{n} max\{0, 1-m_i\} + \frac{1}{2}\lambda|w|^2 \right] \tag{16}$$

ここで、$max\{0, 1-m_i\}$ は、誤差 δ_i を使って以下のように変形できます。

$$max\{0, 1-m_i\} = min\,\delta_i \quad s.t. \quad \delta_i \geq 1-m_i, \quad \delta_i \geq 0 \tag{17}$$

最終的に、ヒンジ誤差関数の誤差最小化により、次の式となります。

$$L = min\left[C\sum_{i=1}^{n} \delta_i + \frac{1}{2}|w|^2 \right] \quad s.t.\,\delta_i \geq 1-m_i, \quad \delta_i \geq 0 \tag{18}$$

これは距離最大化則から導かれた式と完全に一致していることがわかります。また、非線形の問題に対応するために、**カーネル関数** $k(x_i, x_j)$ を成分とする**カーネル行列** $K=[k(x_i, x_j)]$, $x_i, x_j \in X$ をしばしば使います。x_i, x_j は i 番目と j 番目のサンプルデータを表しています。カーネル行列を用いれば、非線形性をもつ複雑な訓練データに対して、線形な手法を適用して問題を簡単に解くことができます。詳しい展開は文献[10]などを参照してください。

$$f(x) = \sum_{j=1}^{n} \theta_j K(x, x_j) + b \tag{19}$$

ここで、Python での SVM による分類問題の実行例を示します。学習モデルは簡単のため、$f(x)=wx+b$ という線形モデルを用います。ヒンジ誤差関数が、パラメータ w と b に対して微分を取り勾配を算出します。算出した勾配を用いて、以下のような条件でパラメータ w と b を更新します。

(1) もし予測した答えが訓練データのラベルと一致している場合は、下記のような更新を実行します。

$$if \quad y_i(wx_i+b) \geq 1 \quad w \leftarrow w - \alpha \cdot (2\lambda w) \tag{20}$$

(2) もし予測した答えが訓練データのラベルと一致していない場合は、下記のような更新を実行します。

$$if \quad y_i(wx_i+b) < 1 \quad w \leftarrow w - \alpha \cdot (y_i x_i - 2\lambda w) \tag{21}$$

ここでの y_i は訓練のデータのラベル、x_i は訓練データの入力値です。**リスト 1.1** は、ヒンジ誤差関数を用いた SVM 分類コードの一部です。コードの完全版は「はじめに」に記載した GitHub のアドレスを参照してください。(1) と (2) の更新式は、26 行目〜30 行目と対応しています。

リスト 1.1　ヒンジ誤差関数を採用した SVM コードのパラメータの更新（svm_hinge.py）

```
24  for _ in range(self.n_iters):
25    for idx, x_i in enumerate(X.T):
26      condition = y_[idx] * (np.dot(x_i, self.w) + self.b) >= 1
27      if condition:
28        self.w -= self.lr * (2 * self.lambda_param * self.w)
29      else:
30        self.w -= self.lr * (2 * self.lambda_param * self.w - np.dot(x_i, y_[idx]))
31        self.b = self.lr * y_[idx]
```

図 1.12 は、SVM コードを 2 値分類の問題に適用した結果を示しています。モデルの汎用性を検証するために、外乱とみられるデータ、すなわち"異常値"を導入しました。

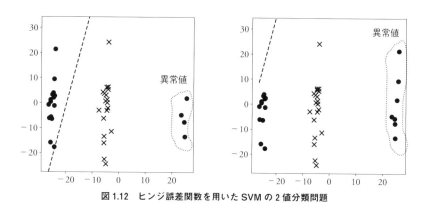

図 1.12　ヒンジ誤差関数を用いた SVM の 2 値分類問題

"異常値"に引用符が付いていることには、理由があります。ここでの異常は「学習データ●や×の集団から、かなり離れている」という直感的な判断であるからです。第 2 章では、さらにこの異常値に関する厳密な定義を行います。

さて、図 1.12 の左側の図に"異常値"データを 4 個入れました。分類境界線から

おおむね良好なモデルができているとわかります。ただし、同図右側のように、"異常値"データを 7 個ほど増やすと、ヒンジ誤差関数で学習した境界線はもはや機能していないことがわかります。

　ここで、少し発展的な内容を展開します。上記のヒンジ誤差関数を用いた SVM の、異常値データに対する汎化機能は限定的でした。汎化機能においては、ヒンジ誤差関数より**ランプ誤差関数**のほうが有効であることが知られています。ここでランプ誤差関数を用いた SVM の実行例を示します。数式で記述すると以下となります。

$$L = min \sum_{i=1}^{n} min \{1, max (0, 1 - m_i)\} \tag{22}$$

　しかし、ランプ誤差関数は非凸関数で、大域的最適解を求めることは困難です。ここで文献 [10] の方法で変数 v を導入し、誤差関数を下記のように変形します。

$$v = m + min \{1, max (0, 1 - m_i)\} \tag{23}$$

$$L = min \sum_{i=1}^{n} |v_i - m_i| \tag{24}$$

　この誤差関数の最小化アルゴリズムの解法は、文献 [10] の 90 ページを参照してください。

　リスト 1.2 は、ランプ誤差関数を用いた SVM 分類コードの一部です。式 (23) と式 (24) は、それぞれ 22 行目と 23 行目と対応しています。また、図 1.13 は、SVM コードを 2 値分類の問題に適用し学習した結果を示しています。ヒンジ誤差関数の汎化機能と比較するために、同じ問題を選び、同じ"異常値"を導入しました。

リスト 1.2　ランプ誤差関数を採用した SVM コードのパラメータの更新（svm_ramp.py）

```
21  for i in range(10000):
22    m = np.dot(t0.T,x)*y
23    v = m + np.min([np.ones_like(m),np.max([np.zeros_like(m),1-m],axis = 0)],
      axis = 0)
24    a = np.abs(v-m)
25    w = np.ones_like(y)
26    for j in range(len(w)):
27      if a[0,j]> e:
```

```
28          w[j]= e/a[0,j]
29      w = np.reshape(w,[40,1])
30      t1 = LA.inv(np.dot(x,(np.repeat(w,3,axis = 1).T*x).T))+ l*np.eye(3)
31      t2 = np.dot(x,(w.T*v*y).T)
32      t = np.dot(t1,t2)
33      if LA.norm(t-t0)< 0.01:
34          break
35      t0 = t
```

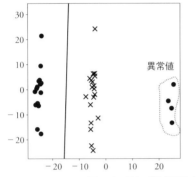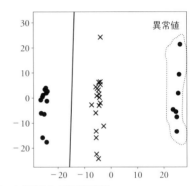

図 1.13　ランプ誤差関数を用いた SVM の 2 値分類問題

　図からわかるように、"異常値"の数が 7 個まで上がったとしても、ランプ誤算
関数を用いた境界線は、"異常値"の数が 4 個の場合と同じです。異常値の数の変
動により、学習した分離境界線が変化しないのは、ランプ誤差関数を用いたほう
が優れた汎化機能をもっていることを証明しています。

　0.1 節で異常検知の定義を説明したとおり、正常データから異常を見つけだす
ことが異常検知の中心テーマであることを、リマインドします。正常データの特
徴をうまく掴めるかどうかは実に重要です。正常データの特徴を掴むとき、異常
データの影響をどう対処するかは、異常検知アルゴリズムの設計上、重大な意味
をもちます。たとえば、この異常値の数を 7 個よりさらに増やしたら、アルゴリ
ズムがどのように判断してくれるかどうかを確かめましょう。図 1.14 には、ラン
プ誤差関数を用いた SVM における学習結果を示しています。

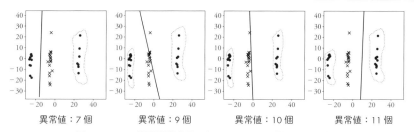

| 異常値：7個 | 異常値：9個 | 異常値：10個 | 異常値：11個 |

図 1.14　ランプ誤差関数を用いた SVM における汎化機能の検証

　全学習データの数は、●が 20 個、×が 20 個です。異常値の数が訓練データの半分程度になると、分離境界線が徐々に異常値側にシフトし、モデルはもはや異常値を"正常値"として扱い、境界線を決めていることがわかります。このあたりは第 2 章以降でさらに詳しく扱っていきますが、異常検知や予測は、機械学習のアルゴリズムの汎化機能と深くつながっていることを意識しながら行うべきである、と覚えておきましょう。

(b) SVM による回帰

　続けて、SVM 回帰を説明します。実は、ヒンジ誤差関数を使った SVM の分類原理を理解していれば、SVM 回帰の原理の理解が簡単になります。SVM 回帰に使われる誤差関数は、図 1.7 にリストアップされたε－不感誤差関数です。**図 1.15**には、ε－不感誤差関数を示しています。

　分類問題の「左上右下」という形状と違った、「左上右上」という形状をもっています。さらに、モデルの汎化性能を高めるために、中央部の幅（$-\varepsilon < x < \varepsilon$）の領域の誤差を 0 にしています。具体的に、誤差関数の式は以下となります。

$$L = \begin{cases} 0, & |\delta_i| < \varepsilon \\ |\delta_i| - \varepsilon = \xi, & |\delta_i| \geq \varepsilon \end{cases} \tag{25}$$

　ここでは $\delta_i = f(x_i) - y_i$ とします。また、誤差関数を最少化するための学習則は以下となります。過学習を防ぐために、分類問題と同じように一般化正則項 l_2 を導入すると次のようになります。

$$L = min\left[C\sum_{i=1}^{n} max\{0, |\delta| - \varepsilon\} + \frac{1}{2}|w|^2 \right] \tag{26}$$

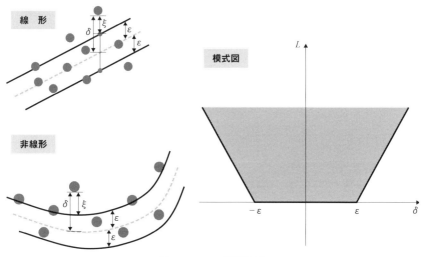

図1.15 ε－不感誤差関数

以降の数学処理は、分類問題と同じになるので省略します。なお、非線形の問題でもカーネル行列 $K = [k(x_i, x_j)]$ を使用すれば、分類問題と同じように対応できます。

SVM による回帰の原理を把握するために、簡単な線形回帰応用例を用いて説明します。**リスト1.3** は、コードの一部を示しています。

リスト1.3 ε－不感誤差関数と2乗誤差関数を採用した SVM 回帰コードの一部抜粋（svr.py）

```
24   self.W = tf.Variable(tf.random_normal(shape =(feature_len, 1)))
25   self.b = tf.Variable(tf.random_normal(shape =(1,)))
26   self.y_pred = tf.matmul(self.X, self.W) + self.b
27   #self.loss = tf.reduce_mean(tf.square(self.y - self.y_pred))←2乗誤差関数
28   self.loss = tf.norm(self.W)/2 + tf.reduce_mean(tf.maximum(0., tf.abs(self.
     y_pred - self.y) - self.epsilon))
29   opt = tf.train.GradientDescentOptimizer(learning_rate = learning_rate)
30   opt_op = opt.minimize(self.loss)
```

式（25）と式（26）に従って、誤差関数をコードに取り込みます。式（25）と式（26）は、リスト1.3 の 28 行目と対応しています。ただし、勾配の計算には絶対値関数

が含まれていて、そのままだと通常の解析的勾配計算手法が適用できないので、**TensorFlow** の最適化ソルバーを用いました。TensorFlow は Google が公開している機械学習プラットフォームで、誤差関数の数式を入力すれば、勾配法によるパラメータの学習を自動的に行ってくれます。

図 1.16 には、SVM による線形回帰の結果を示しています。また、比較するために、2 乗誤差関数を用いた線形回帰も実行しました。両者の結果から大きな違いはみえませんが、誤差関数値の収束するようすが異なります。

2 乗誤差のほうは、誤差関数収束値が ε-不感誤差関数より低くなっていることがわかります。誤差関数収束値が低いほうが過学習、誤差関数収束値が高いほうが汎化機能として捉えることができるので、ε-不感誤差関数のほうが高い汎化機能をもつことが期待できます。

さて、ここまで SVM の分類や回帰について説明をしてきましたが、統計モデルの説明時と異なり、モデルのパラメータに関する説明はほとんどしませんでした。その理由は、パラメータを使用していないからではなく、パラメータ数がデータ数と同じ規模になっているため、詳細記述が不可能であるからです。今の例題はたまたま 2 次元（データの x 座標と y 座標）でしたが、通常のデータ、たとえば1.1 節に示した手書き数字の例の場合は、入力データが 16 次元となり、パラメータも 16 個まで増えます。モデルを説明することも不可能になり、モデルやパラメータの妥当性に関する検証は、予測精度以外で判断することが非常に難しくなっています。これは SVM にかぎらず、機械学習モデル全般にみられる特徴だといえます。

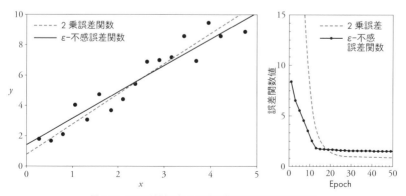

図 1.16　SVM 線形回帰と 2 乗誤差関数線形回帰の比較

② アンサンブル学習

SVM の以外にもう 1 つ典型的な機械学習アルゴリズムを挙げるのであれば、決定木を用いた**アンサンブル学習**でしょう。**決定木**とは、木の階層構造を用いて分類や回帰を行う機械学習手法の 1 つで、**ランダムフォレスト**などが該当します。**図** 1.17 は、1 本の木を模倣した決定木のイメージ図を表しているグラフです。

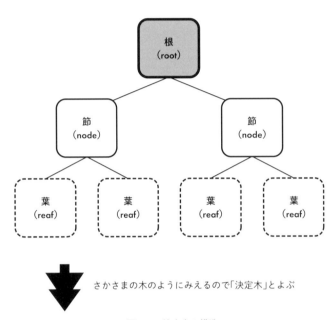

図 1.17　決定木の構造

最も上の根節点（ルート）は、この説明変数の全データです。データに対してさらに分類すると、節（ノード）となります。節をさらに分類すると、葉（リーフ）となります。分類問題に応用する決定木は**分類木**といい、回帰問題に応用する決定木は**回帰木**とよびます。**図** 1.18 は、具体例である 2 値分類問題（ここでは、20 個の〇と 20 個の△）に適用した決定木手法のしくみを示しています。

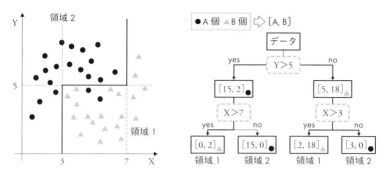

図 1.18　分類問題に応用した決定木の実行例

　x軸とy軸において、訓練データの入力値であるx座標とy座標を細分化していきます。たとえば、全データにおいて「y座標が5より大きいですか」という基準があるとき、満たしている(yes)データは17個あり、そのなかの15個は〇、2個は△です。最終的に$y>5$の領域は、多数決で〇として判断します。それに対して、基準を満たしていない(no)データは23個あります。そのなかに、5個の〇、18個の△が含まれています。最終的に、$y<5$の領域では多数決で、△として判断します。

　木の深さ、すなわち1つのノードに対して、さらに細分化して葉っぱを伸ばします。たとえば、$y<5$の領域において、さらに分割していきます。今度は$y<5$の領域の23個のデータに対して、$x>3$という基準を仮定します。yesとなっているデータのなかに、2個は〇、18個は△となっており、多数決で△と判断します。noとなっているデータのなかに、3個の〇が含まれているので、この領域は〇として判断します。最終的に図1.18の左側のように、2領域に分類されます。

　ここで、説明と照らし合わせるために、同じラベルとして判断された領域にある分離線を、図1.18にある薄色の点のように表記していますが、通常、結果を出すときは削除し、同図にある太線の実線だけ表記します。

　決定木の基本である分割や多数決に関しては、意外と簡単だなと思うかもしれませんが、実はちょっと小さな落とし穴があります。すでに気が付いているかもしれませんが、分割をどのように実行すればよいかという点は、実は未解決となっています。上の例題では、筆者が勝手に$y<5$や$x>3$という分割方法を用いましたが、ほかの分割方法、たとえば$y<3$や$x<4$なども当然あっても構いません。結局どれを採用すべきかという基準を定めないと、決定木のアルゴリズムは機能

しないのが想像できると思います。実は、決定木アルゴリズムの分割基準はいくつかありますが、ここで代表的な分割基準として、**ジニ係数**を使った分割基準を簡単に紹介します。

ジニ計算は情報の不純度を表し、値が減少するように分割を探します。計算式は以下となります。

$$E(t) = 1 - \sum_{i=1}^{K} P_i^2(C_i \mid t) \tag{27}$$

ここでは、P_i はノード t のクラス C_i の割合です。**図 1.19** は、図 1.18 の分類問題において、ジニ係数を算出し分割基準を決めるプロセスを示しています。

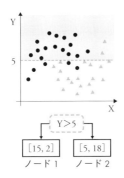
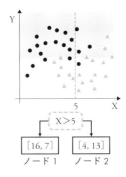

Y＝5 で分割する場合

ノード1： $E(1) = 1 - \left(\left(\frac{15}{17}\right)^2 + \left(\frac{2}{17}\right)^2\right) \cong 0.21$

ノード2： $E(2) = 1 - \left(\left(\frac{5}{23}\right)^2 + \left(\frac{18}{23}\right)^2\right) \cong 0.34$

加重平均： $E = \frac{17}{40} \times 0.21 + \frac{23}{40} \times 0.34 \cong 0.28$

X＝5 で分割する場合

ノード1： $E(1) = 1 - \left(\left(\frac{16}{23}\right)^2 + \left(\frac{7}{23}\right)^2\right) \cong 0.42$

ノード2： $E(2) = 1 - \left(\left(\frac{4}{17}\right)^2 + \left(\frac{13}{17}\right)^2\right) \cong 0.36$

加重平均： $E = \frac{23}{40} \times 0.42 + \frac{17}{40} \times 0.36 \cong 0.37$

図 1.19　ジニ係数を用いた決定木の分割実行例

ここでは簡単にするために、$Y＝5$ で分割する場合と $X＝5$ で分割する場合のジニ係数を計算し、比較しました。各ノードのジニ係数を計算したあと、そのノードに分割されたサンプル数で加重平均を使って、**加重ジニ係数**を算出しています。図 1.19 の結果から、$Y＝5$ で分割した場合はジニ係数がより小さいので、$X＝5$ で分割するより $Y＝5$ で分割したほうがよいことがわかります。決定木アルゴリズムの分割基準は、ジニ係数以外に、情報エントロピーや分散最小法などあります。詳細は文献[16]の参照を推奨します。

以上、アンサンブル学習の中心アルゴリズムである決定木について説明しました。アンサンブル学習は SVM と同じで、誤差関数を工夫することによって、学習予測精度を上げていきます。1.1 節で説明したように、誤差関数を設計する際、バイアスとバリアンスのトレードオフ性が機械学習の学習効果を大きく左右します。また、機械学習モデルは多数のパラメータを使用しているので、小さいバイアスを達成するのは容易です。しかし、このような小さいバイアスをもつモデルは、しばしば汎化機能が弱く過学習になりがちなので、予測精度の向上を妨げる最大の要因になります。過学習や学習不足を防ぐために、さまざまな手法が提案されています。

　本項で解説するアンサンブル学習は、過学習の抑制と学習不足の回避に特化した手法です。ここでは、ランダムフォレストを代表とする**並列アンサンブル**と、勾配ブースティングをはじめとする**直列アンサンブル**の手法を紹介します。アンサンブル学習の中心にあるのは、さきほど解説した決定木という概念です。決定木を並列に展開するか直列に展開するかで、**ブースティング**とランダムフォレストに分けられます（**図 1.20**）。

　ブースティングには、バイアスに由来する誤差を低減する効果があります。一方ランダムフォレストには、おもにバリアンスに由来する誤差を減らす効果があります。並列と直列の概念は同図からわかるように、各決定木の間に相関関係を設けるかどうかによって異なります。

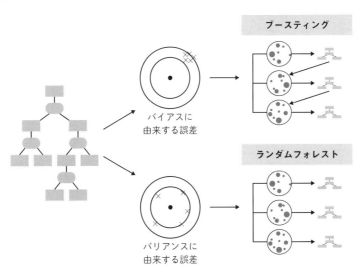

図 1.20　ブースティングとランダムフォレスト

ブースティングは、真値との誤差を決定木に含ませるしくみを導入しています。簡単にいうと、t 回目で学習した結果と真値を比較し、その誤差を $t+1$ 回目の誤差決定木に取り入れることによって、各決定木の間に「直列」的な関係をもたせています。直列の関係なので、最終の出力は自然と最も適切な結果になります。

　一方、ランダムフォレストは、おもに決定木をどのように分割するかが焦点となります。各決定木には、それぞれ学習した予測結果をそのまま出力します。並列になった各予測出力を 1 つの最終予測結果に統一するために、多数決や平均という手法をしばしば使います。これから具体的に、例題を通じて各手法を説明していきます。

(a) ランダムフォレスト

　ランダムフォレストは、2001 年に Leo Breiman[17] によって提案された機械学習のアルゴリズムであり、分類・回帰・クラスタリングに用いられます。決定木を弱学習器とするアンサンブル学習アルゴリズムであり、この名称は、ランダムサンプリングされた訓練データによって学習した、多数の決定木を使用することによるものです。

　ランダムフォレストでは、それぞれの決定木が完全に独立になるように、**ブートストラップ**（bootstrap）とよばれるサンプリングを行います。これは n 個のデータセットから、重複ありで m 個（$m \leq n$）のデータをランダムに抜き出して、新しいデータセットを複数用意する手法です。これにより、決定木は少しずつ違うデータセットに対して構築されます。

　それぞれの決定木で使用される特徴量どうしの相関が強いと、決定木の間にも相関が生まれ、バリアンスが下がりません。そのため、ランダムフォレストではそれぞれの決定木で使用する特徴量をランダムに選ぶことで、相関の弱い決定木群を作ります。これにより、決定木はそれぞれ違う分割基準をもつように構築されます。データセットや特徴量のランダム抽出によって、ランダムフォレストにおける決定木は多様性をもつことになります。多様性をもった決定木が融合することで、過学習が緩和されます。**図 1.21** は、具体的に決定木の作りかたを示しています。

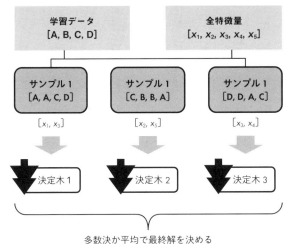

図 1.21 ランダムフォレストにおける決定木の作りかた

各決定木においては、図 1.21 に示したように、ノードとリーフの数を調整することによって決定木の深さを決めます。ランダムフォレストで高い予測精度をもつモデルを構築するには、木の深さと木の本数を重要なパラメータとして最適化する必要があります。また、各木のノードとリーフの分割基準は、さきほど紹介したジニ係数などの分割基準を使用します。

最後に、ランダムフォレストを回帰問題に応用した実行例を紹介します。**図 1.22** は、具体的な計算プロセスを図示しています。ここでは、木の本数や各木におけるノードの数などは最適化されておらず、任意に決定しました。すなわち、木の本数は 3、各木における深さは 2、ノードの数はそれぞれ 2, 2, 3 としています。各ノードに分類された数値に対して、最も簡単な平均回帰法を使い、回帰データを作成しています。

また、回帰問題の場合は、各木からの出力を平均して最終回帰結果を出力するのが一般的です。たとえば、木 1 にある $x=28$ に対して木 1 の出力は 104.5、木 3 にある $x=28$ の出力は 165 となっています。平均を取ることによって、$x=28$ の最終出力は $0.5(104.5+165)=134.8$ になります。ランダムフォレストを分類問題に応用する場合は、平均の代わりに多数決で回帰結果や最終予測結果を決めるのが一般的だということが、直感的にわかることでしょう。

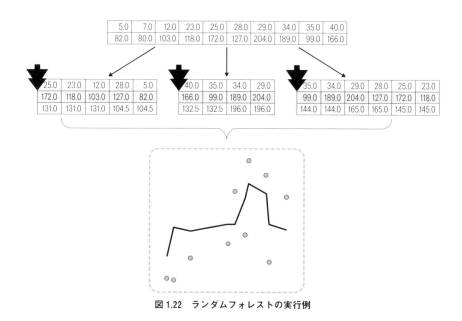

| 5.0 | 7.0 | 12.0 | 23.0 | 25.0 | 28.0 | 29.0 | 34.0 | 35.0 | 40.0 |
| 82.0 | 80.0 | 103.0 | 118.0 | 172.0 | 127.0 | 204.0 | 189.0 | 99.0 | 166.0 |

25.0	23.0	12.0	28.0	5.0
172.0	118.0	103.0	127.0	82.0
131.0	131.0	131.0	104.5	104.5

40.0	35.0	34.0	29.0
166.0	99.0	189.0	204.0
132.5	132.5	196.0	196.0

35.0	34.0	29.0	28.0	25.0	23.0
99.0	189.0	204.0	127.0	172.0	118.0
144.0	144.0	165.0	165.0	145.0	145.0

図 1.22　ランダムフォレストの実行例

　リスト 1.4 は、ランダムフォレストを用いた、図 1.21 の回帰例題の計算コード
の一部です。式（27）を用いたジニ係数の計算と情報不純度（1 －情報ゲイン）は、
2 行目～6 行目に対応しています。木の成長と分割は、文献 [16] を参照しました。

リスト 1.4　ランダムフォレスト回帰コードの一部抜粋（radomforest.py）

```
01  #ジニ係数という分割基準を計算する
02  p1_node1, p2_node1  = probability (y[node_1])
03  p1_node2, p2_node2  = probability (y[node_2])
04  sample_num _node1, sample_num _node1 = len(node_1), len(node_2)
05  gini_node1 = 1- p1_node1**2-p2_node1**2
06  gini_node2 = 1- p1_node2**2-p2_node2**2
07  weighted_average_gini = gini_node1 *(sample_num _node1 / total_num)+
08      gini_node2 *(sample_num _node2 / total_num)
```

（b）AdaBoost

　前述したように、ブースティングはランダムフォレストと違う視点から誤差関
数に着目して、誤差決定木を作成・更新していきます。ブースティング手法はい
ろいろな種類がありますが、大別して**勾配法**と**非勾配法**があります。まず非勾配
の **AdaBoost** [18] を紹介します。**図 1.23** は AdaBoost のしくみを図示しています。

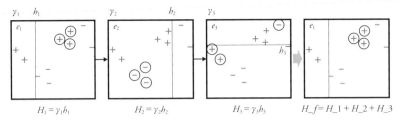

図 1.23　AdaBoost のしくみ

　あらかじめ、各データに重み w_i を付けます。重み w_i の初期値としては、データの数の逆数 $1/N$ を最小にしたものが一般的です。最初に任意の弱い識別機 h_1 を使って、元データを分類します。h_2 で誤分類した「＋」3 つの重みを増やしています。次に、その誤分類された 3 つを優先的に考えて、また分類します。ここで、重みを増やすのと同時に、正確に分類されたほかのものの重みは減っていきます。さらに、h_3 では、h_2 で誤分類された「－」3 つの重みを増やすと同時に、ほかのものの重みが減っていきます。

　また、各決定木に係数 $\gamma_i (i = 1, 2, 3 \ldots)$ を導入します。γ の計算手法は、分類問題か回帰問題かによって違います。回帰問題の場合の誤差 $\overline{e_m}$ の定義と各決定木 h^m の係数 γ_m、そして各決定木 h^m に入っているサンプルデータの重み w_i^m は、以下のように定義されています。

$$\overline{e_m} = \sum_{i=1}^{N} w_i^{(m-1)} \frac{|d_i - h^m(x_i;a)|}{\max\{|d_i - h^m(x_i;a)|\}} \tag{28}$$

$$\gamma_m = \frac{\overline{e_m}}{1 - \overline{e_m}} \tag{29}$$

$$w_i^m = \frac{1}{Z_m} \cdot w_i^{m-1} \cdot \gamma_m^{\left\{1 - \frac{|d_i - h^m(x_i;a)|}{\max\{|d_i - h^m(x_i;a)|\}}\right\}} \tag{30}$$

　分類問題の場合は、AdaBoost が指数型誤差関数を採用しているので、誤分類されたデータの重みが上がるように γ が正になるのが望ましいといえます。ただし、一般的に弱学習器である以上、平均誤差率は $\overline{e_m} < 0.5$ である必要があります。ですから、この条件下で AdaBoost を実行すれば、自動的に γ は正であることが保証されます。

最後の学習器の構成は、各係数 γ_i と弱学習器の値 h_i と積 $\gamma_i h_i$ の総和で計算されます。分類問題の場合は 2 値分類にするように、総和のサイン関数 $sgn(x)$ の結果をとる必要があります。

　図 1.24 に、AdaBoost のアルゴリズムの例を示します。また、重みの変化をみやすくするために、ランダムフォレストで使っていた回帰問題の例題を、AdaBoost で実行した結果を示します。

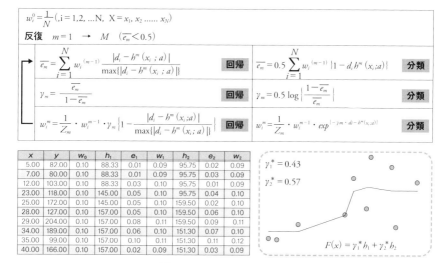

図 1.24　AdaBoost による回帰

　回帰問題の場合は、図 1.7 に示した誤差関数のうち、$\tau = 0.5$ 分位誤算関数を採用しました。しかし今回は、重みを更新する際、指数誤差関数の代わりに**べき誤差関数**を採用しました。

　また、分類問題と同様に、平均誤算率は $\overline{e_m} < 0.5$ の条件を満たす必要があります。この条件下で計算した γ は $0 < \gamma < 1$ になるので、べき誤差関数では誤分類されたデータの重みが上がるようになります。さらに、分類問題と同様に、最終の出力は各学習器の係数 γ_i と弱学習器 h_i と積 $\gamma_i h_i$ の総和で計算されます。そして、回帰問題の場合は最終の総和は保存則を保つ必要があるので、その提案手法の 1 つとして、係数 γ_i を規格化してから総和 $\gamma_i \times h_i$ を計算します。

リスト1.5は、AdaBoostの回帰コードの一部です。コード内のコメントに、式(28)〜式(30)との対応を示しています。

リスト1.5　AdaBoost回帰コードの一部抜粋（adaboost.py）

```
 94  #平均誤差率em^barの計算→式(28)
 95  error = np.absolute( z - y ).reshape( ( -1, ) )
     ⋮
109  #各決定木に係数γの計算→式(29)
110  self.gamma[ i ] = e_bar / ( 1.0 - e_bar )
111  #各データの重みwの計算→式(30)
112  weights *= [ np.power( self.gamma[ i ], 1.0 - Ei ) for Ei in loss ]
113  weights /= weights.sum()
```

(c) 勾配ブースティング決定木（GBDT）

勾配ブースティング決定木[19] (Gradient Boosting Decision Tree, 以下**GBDT**) は、決定木のアンサンブルモデルを生成するもう1つの手法です。ランダムフォレストとの違いは、1つ前の決定木の誤りを次の決定木が修正するようにして、決定木を直列的な順番に作っていくことにあります。

また、同じブースティング手法であるAdaBoostとの違いは、誤差関数の扱いにあります。AdaBoostは弱学習器ごとに1つの係数で各学習を調整することに対して、GBDTは各データに対する予測値の誤差に勾配を決めることで、誤差学習器を更新していきます。またGBDTでは、深さが1から5のような浅い決定木が用いられます。さらに、**学習率**（Learning Rate）という決定木の誤りをどれほど強く修正するかを制御するパラメータが導入されています。この点に関しては、勾配降下法のアルゴリズムとかなり類似しています。ちなみに、ランダムフォレストの場合、決定木の数はできるだけ多いほうがよかったのですが、GBDTは決定木の数を多くしすぎると過学習を起こしてしまいます。

図1.25の上段左側は、最小2乗誤差関数を採用したときの、GBDTアルゴリズムを示しています。

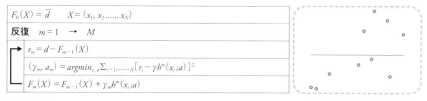

$$F_0(X) = \bar{d} \qquad X = (x_1, x_2 \dots x_N)$$

反復　$m = 1 \rightarrow M$

$$r_m = d - F_{m-1}(X)$$
$$(\gamma_m, a_m) = argmin_{\gamma, a} \Sigma_{i=1\dots N}[r_i - \gamma h^m(x_i; a)]^2$$
$$F_m(X) = F_{m-1}(X) + \gamma_m h^m(x_i; a)$$

x	y	F_0	r_1	h_1	F_1	r_2	h_2	F_2	r_3	h_3	F_3
5	82	134	−52	−38.25	95.75	−13.75	6.75	102.5	−20.5	−10.08	92.42
7	80	134	−54	−38.25	95.75	−15.75	6.75	102.5	−22.5	−10.08	92.42
12	103	134	−31	−38.25	95.75	7.25	6.75	102.5	0.5	−10.08	92.42
23	118	134	−16	−38.25	95.75	22.25	6.75	102.5	15.5	−10.08	92.42
25	172	134	38	25.5	159.5	12.5	6.75	166.25	5.75	−10.08	156.17
28	127	134	−7	25.5	159.5	−32.5	6.75	166.25	−39.25	−10.08	156.17
29	204	134	70	25.5	159.5	44.5	6.75	166.25	37.75	15.13	181.38
34	189	134	55	25.5	159.5	29.5	6.75	166.25	22.75	15.13	181.38
35	99	134	−35	25.5	159.5	−60.5	−27	132.5	−33.5	15.13	147.63
40	166	134	32	25.5	159.5	6.5	−27	132.5	33.5	15.13	147.63

図 1.25　最小 2 乗誤差関数による GBDT のアルゴリズム

　勾配決定木を決めるために、まず誤差関数を定義し、その誤差関数に対して勾配を取ります。各データ (x_i, y_i) についての誤差関数 $L(y_i, F(x_i))$ を小さくすることを考えましょう。

　図中の $F(X)$ は回帰関数です。目的関数は次のように表現されます。

$$obj = argmin_{F(X)} \sum_{i=1}^{N} L(y_i, F(x_i)) \tag{31}$$

すると、勾配は以下のように定義されます。

$$-g_m(x_i) = -\left[\frac{\partial L(y_i, F(x_i))}{\partial F(x_i)} \right]_{F(X)=F_{m-1}(X)} \tag{32}$$

　弱学習器 $h(x_i, a)$ は、以下の条件を満足するように構成されます。これはランダムフォレストを実行する際に使用した分割基準（分散最小あるいは情報エントロピー最小原則）と一致しています。ここでは分散最小則で表現しましょう。

$$a_m = argmin_{\beta, a} \sum_{i=1}^{N} [-g_m(x_i) - \beta h^m(x_i; a)]^2 \tag{33}$$

続いて、更新する歩幅 γ_m を決めます。

$$\gamma_m = argmin_{\gamma, a} \sum_{i=1}^{N} L(y_i, F_{m-1}(X) + \gamma h^m(x_i; a_m)) \tag{34}$$

　最終的に $m-1$ 回の反復終了後の全体の出力を $F_m(X)$ とすると、$F_m(X)$ が次式

で表されます。

$$F_m(X) = F_{m-1}(X) + \gamma h^m(x_i; \alpha_m) \tag{35}$$

少し複雑な式にみえますが、最小2乗誤差関数を例にすれば、もっと簡単にわかります。

$$L(d_i, F(x_i)) = (d - F(X))^2 \tag{36}$$

最小2乗誤差関数を採用しているので、2乗誤差の勾配は以下となります。

$$g_m = d - F_{m-1}(X) = r_m \tag{37}$$

d は訓練データ、$F_{m-1}(X)$ は回帰関数です。要は、最小2乗誤差関数の場合、勾配 g_m は訓練データと回帰関数で予測した結果の誤差 r_m です。また、回帰関数 $F(X)$ の初期値として、通常は訓練データの平均値 $\bar{d}$ を採用します。

次は、計算した勾配（ここでは誤差 r_m）を決定器に取り込み、ブースティングしながら学習していきます。具体的には、誤差を近似する決定木 $h(x)$ を、ランダムフォレストで使用した CART 分割基準で作成します。また、2乗誤差関数を採用している場合は、更新率 $\gamma_m = 1$ なので、計算中は表記を無視します。

図 1.25 の下段は、今まで使ってきた例題を GBDT に応用した結果を示しています。また、同図の右上は、初期値 $F_0(X) = \bar{d}$ の結果を示しています。

各誤差決定木どうしの直列的なつながりは、以下のように実現されています。

$$r_1 = d - F_0(X)$$
$$r_1 \rightarrow h^1(x_i; a)$$
$$F_1(X) = F_0(X) + h^1(x_i; a)$$
$$r_2 = d - F_1(X)$$
$$r_2 \rightarrow h^2(x_i; a)$$
$$F_2(X) = F_1(X) + h^2(x_i; a)$$
$$r_3 = d - F_2(X)$$
$$\vdots$$

図 1.26 は、さらに決定木を更新しているプロセスと、決定木により更新された回帰関数 $F(X)$ を示しています。最初の数ステップしかないものの、AdaBoost の

結果と比較すると、各訓練データに勾配を導入することによって、決定木の構造が制御され、回帰関数の形は訓練データの特徴をかなり取れるようになっています。

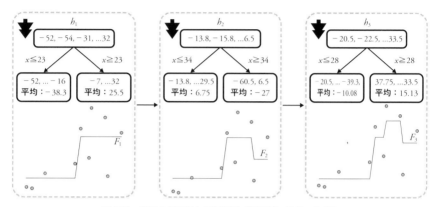

図1.26　決定木の更新と回帰関数（勾配ブースティング）

リスト1.6は、勾配ブースティングの回帰コードの一部です。コード内のコメントに、式(35)と式(37)との対応を示しています。

リスト1.6　勾配ブースティング回帰コードの一部抜粋（gradientboost.py）

```
084    #初期F0(x)の算出
 ⋮
099    #式(35)の計算
100    F_m +=  tree.predict( x )
101    #式(37)の計算
102    gradient = self.gamma * ( d - F_m )
```

(d) XG ブースティング（XGBoosting）

GBDT では、誤差決定木に勾配という考えかたを導入することによって、学習が安定しました。ただし、バイアスの低減に着眼している手法なので、バリアンスのほうがしばしば高くなり、モデルの汎化機能低下に起因する予測精度の低下が起こります。それを回避するために開発された手法の1つが、**XG ブースティング**[20] です。ここでは、XG ブースティングの基本原理に触れつつ、応用事例

を通して説明していきます。

まず、XGブースティングの誤差関数の構成を示します。

$$obj^m = \sum_{i=1}^{N} \left[L(y_i, F^{m-1}(x_i)) + g_i f_m(x_i) + \frac{1}{2} h_i f_m^2(x_i) \right] + \Omega(f_m) + constant \qquad (38)$$

ここで g_i と h_i は以下のように定義されています。

$$g(x_i) = \left[\frac{\partial L(y_i, F^{m-1}(x_i))}{\partial F^{m-1}(x_i)} \right], \qquad h(x_i) = \left[\frac{\partial^2 L(y_i, F^{m-1}(x_i))}{\partial \{F^{m-1}(x_i)\}^2} \right] \qquad (39)$$

上の式からわかるように、今までの手法との大きな相違点は、誤差関数を2次までテーラー展開している点です。木の複雑さを表す正則項 $\Omega(f_m)$（たとえば、L_2 正則項）などを加えることで、汎化機能が上がり、モデルの予測精度の向上につながっています。

$$\Omega(f_m) = \gamma T + \frac{1}{2} \lambda \sum_{i=1}^{T} \{f_m^i\}^2 \qquad (40)$$

これまでの説明に用いた h^m という表記は、式(38)のなかにある h_i との混乱を避けるため、f_m という表記に変更したので注意してください。XGブースティングは、ほかの手法と異なる以下の2点が非常に特徴的です。

(a) $f(x_i)$ の解析解が導出されています。

$$f_m = -\frac{G_j^2}{H_j + \lambda}, \qquad \text{ここで、} \qquad G = \sum_{i=1}^{N} g_i, \ H = \sum_{i=1}^{N} h_i \qquad (41)$$

(b) $f(x_i)$ を構成する決定木の分割基準を提供しています。

$$argmin_T \, Obj = -\frac{1}{2} \sum_{j=1}^{T} \frac{G_j^2}{H_j + \lambda} + \gamma T \qquad (42)$$

T は決定木のノードの数です。分割の基準としては、式(42)の表現をもつ目的関数が、最小になるように分割します。

非常に複雑なアルゴリズムなので、理解しにくい部分が多数あると思います。ここでは、最小2乗誤差関数を用いて、上記の内容をもっと簡単に説明してみます。**図 1.27** は、これまで使った例題を、XGブースティングに応用して計算した結果を示しています。また、上記の内容を反映した擬似コードもまとめています。

$F_0(X) = \bar{d} \quad X = (x_1, x_2 \ldots\ldots x_N)$
反復 $m = 1 \rightarrow M$
$g_i = 2[d - F_{m-1}(X)],\ h_i = 2 \rightarrow G = \Sigma_{i=1}^{N} g_i,\ H = \Sigma_{i=1}^{N} h_i$
$argmin_T\ Obj = -\frac{1}{2}\Sigma_{i=1}^{T}\frac{G_j^2}{H_j+\lambda} + \gamma T \rightarrow Splittree$（**決定木を決める**）
$f_m = -\frac{G_j}{H_j+\lambda} \rightarrow$ **各決定木で計算を行う**
$F_m = F_{m-1} + af_m$

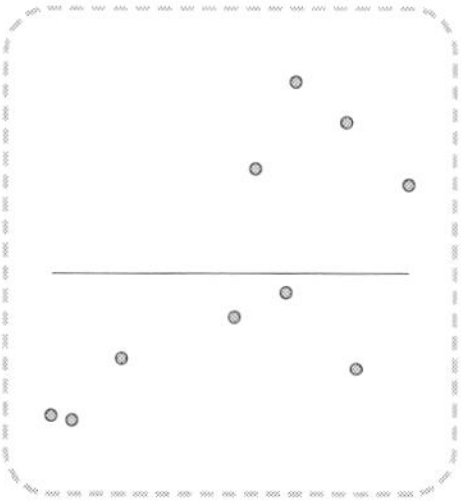

x	y	F_0	g	h	f_1	F_1	g	h	f_2	F_2	g	h	f_2	F_3
5.00	82.00	134.00	−104.00	2.00	−34.77	99.23	−34.46	2.00	5.49	104.72	−45.44	2.00	−9.95	94.77
7.00	80.00	134.00	−108.00	2.00	−34.77	99.23	−38.46	2.00	5.49	104.72	−49.44	2.00	−9.95	94.77
12.00	103.00	134.00	−62.00	2.00	−34.77	99.23	7.54	2.00	5.49	104.72	−3.44	2.00	−9.95	94.77
23.00	118.00	134.00	−32.00	2.00	−34.77	99.23	37.54	2.00	5.49	104.72	26.56	2.00	−9.95	94.77
25.00	172.00	134.00	76.00	2.00	23.90	157.90	28.20	2.00	5.49	163.39	17.22	2.00	−9.95	153.44
28.00	127.00	134.00	−14.00	2.00	23.90	157.90	−61.80	2.00	5.49	163.39	−72.78	2.00	−9.95	153.44
29.00	204.00	134.00	140.00	2.00	23.90	157.90	92.20	2.00	5.49	163.39	81.22	2.00	13.07	176.46
34.00	189.00	134.00	110.00	2.00	23.90	157.90	62.20	2.00	5.49	163.39	51.22	2.00	13.07	176.46
35.00	99.00	134.00	−70.00	2.00	23.90	157.90	−117.80	2.00	−21.04	136.86	−75.72	2.00	13.07	149.93
40.00	166.00	134.00	64.00	2.00	23.90	157.90	16.20	2.00	−21.04	136.86	58.28	2.00	13.07	149.93

図 1.27　XG ブースティングの計算手順

最小 2 乗誤差関数を使用することで、上記の 1 次勾配 g_i と 2 次勾配 h_i は、以下のように簡単な形になります。

$$g_i = 2[d - F_{m-1}(X)] = r_i\ ,\ h_i = 2 \tag{43}$$

1 次勾配の形は、通常の GBDT と同じ値を取っていることがわかります。これと式(44)によって、1 次と 2 次勾配の総和を計算し、各決定木の値 f_m を算出することができます。

$$f_m = -\frac{G_j}{H_j+\lambda} = \frac{\sum_{i=1}^{N} g_i}{\sum_{i=1}^{N} h_i + \lambda} = \frac{\sum_{i=1}^{N}[d - F_{m-1}(X)]}{N+\lambda} \tag{44}$$

$$F_m(X) = F_{m-1}(X) + af_m \tag{45}$$

更新幅は今まで γ を使用してきましたが、正則項 $\Omega(f_m)$ に使用した γ との混乱を避けるために、α を使用しました。上式から、$\lambda=0$ の場合、f_m は通常の決定木で使用されている平均近似に戻っていることがわかります。また、$\lambda\neq 0$ の場合は、過学習を防ぐ正則効果をもつことになります。さらに、決定木の分に関しては、式(42)の Obj の値をさまざまな分割のしかたで計算し、最小になるよう分割すればよいことがわかります。

この内容を反映した擬似コードを、**図 1.28** にまとめました。また、各プロセスの結果をプロットしたものも示しています。

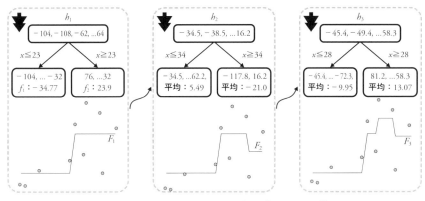

図1.28　決定木の更新と回帰関数（XG ブースティング）

この結果から、前節の一般的な GBDT と比較して、結果に大きな違いはないことがわかります。その理由は、最小 2 乗誤差関数を使用することで、2 次勾配の総和 H は定数となるからです。

ただし、分類問題の場合に使われる誤差関数は、通常、次のような形をとります。

$$L(y, p) = y \ln p + (1 - y)\ln(1 - p); \qquad p = \frac{1}{1 + e^{-x}} \tag{46}$$

当誤差関数の 1 次勾配と 2 次勾配は以下となります。

$$g(x_i) = p - y; \qquad h(x_i) = p(1 - p) \tag{47}$$

2 次勾配（Hessian）は定数ではないので、通常の勾配降下法とはるかに異なる結果が得られます。

リスト 1.7 は、XG ブースティングの回帰コードの一部です。全コードは GitHub にあるので、参考にしながら検証してください。

リスト 1.7 **リスト 1.7**　XG ブースティング回帰コードの一部抜粋（xgboost.py）

```
092   #初期F0(x)の算出
093   F_0 = tree.predict( x )
094   gradient = self.alpha * ( y - F_0)
095   F_m  =  F_0
  ⋮
107      #式(45)の計算
108      F_m  += tree.predict( x )
109      #式(43)の計算
110      gradient = self.alpha * ( y - F_m )
```

③ GraphCNN

ニューラルネットワーク（以下 **NN**）を用いた回帰と分類は、機械学習の典型的な手法です。ただし、すでに多くの専門書に詳細な説明があるので、ここでは割愛します。

ここでは、**GraphCNN** [21] という非常にユニークな技術を用いた、深層学習による分類と回帰手法を紹介します。**CNN** とは**畳み込みニューラルネットワーク**（Convolution Neural Network）の略称で、画像解析や音声解析の分野で深層学習の代表的な学習手法として扱われています。CNN を非画像データのような回帰問題や予測問題にも応用できるように拡張したものが、GraphCNN です。

CNN は、多数のフィルタを用いることで、元画像の局所的な特徴を学習します。その点から、一種のアンサンブル学習とみなすことができます。さらに、誤差関数ではなく元データに着目している点においては、ランダムフォレストと類似性をもっています。しかし、学習する際に誤差逆伝搬や勾配降下を使用するので、その点はランダムフォレストと随分と異なります。

便宜的な見かたとして、GraphCNN はランダムフォレストと勾配降下法を融合した、独特な手法として理解して差し支えないでしょう。ここでは、データの相関を利用して畳み込みを可能とする **Correlation GraphCNN**（以下 **C-GraphCNN**）という手法 [21] をもとに、データ間の距離を利用した、非画像データに対するGraphCNN の応用方法を説明します。

(b) GraphCNN のしくみ

GraphCNN は、**図 1.29** に示すように、一般的な CNN と同様にグラフの畳み込みをテンソル積として表現できます。すべてのグラフ畳み込み層について、深さ d に N 個の特徴を有する M 個の観測の 3D テンソル (M, N, d) を入力として用います。

ここで、d_{new} 個のフィルタを備えた畳み込み層を適用すると、重みは 3 次元テンソル (p, d, d_{new}) となります。したがって、(p, d) 軸に沿った入力と重みとの間にテンソル積であるグラフ畳み込みを適用すると、式 (48) で表されます。

$$\{(M, N), (p, d)\} \cdot \{(p, d), (d_{new})\} = (M, N, d_{new}) \tag{48}$$

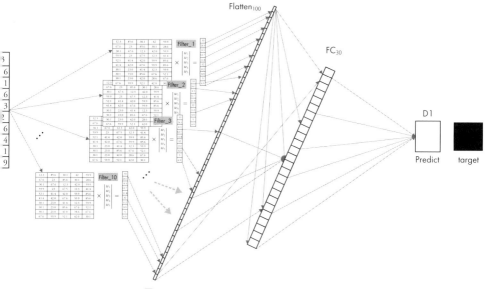

図 1.29　GraphCNN における畳み込みの全体図

$$\begin{bmatrix} x_{\pi_1^{(k)}(1)} & \cdots & x_{\pi_1^{(k)}(p)} \\ x_{\pi_2^{(k)}(1)} & \cdots & x_{\pi_2^{(k)}(p)} \\ \vdots & \cdots & \vdots \\ x_{\pi_N^{(k)}(1)} & \cdots & x_{\pi_N^{(k)}(p)} \end{bmatrix} \cdot \begin{bmatrix} w_1 \\ w_2 \\ \vdots \\ w_p \end{bmatrix} \tag{49}$$

一般的な CNN と GraphCNN の相違点は、フィルタの重みに係数が与えられていることです。ここで係数として扱われる行列は、これから紹介する非構造データの相関行列、または距離行列から得られた特徴行列です。

タの相関行列、または距離行列から得られた特徴行列です。

(1) 相関行列を用いた GraphCNN（C-GraphCNN）

　CNN で最も重要な役割を果たしている畳み込み層は、**フィルタ**とよばれる小さな行列を画像全体に渡って適用することで、画素ごとの数値の「順番」を特徴として学習しています。CNN が得意とする画像処理の分野では、データの列や行の順番をランダムに入れ換えると、画像が本来の形から崩れて、データのもつ意味が変わってしまいます。つまり「画像データの要素の順番には意味がある」ということであり、CNN は、その意味がある要素の順番を特徴として捉え、学習を行っています。

　一方、csv ファイルのような非画像データは、列順を入れ換えたとしてもデータのもつ意味は変わらないため、データの順番に意味はないことになります。そのため、前述の理由から CNN は非画像データを学習することができません。どうすれば非画像データを CNN に適用できるかを考えたとき、非画像データの順番にも意味をもたせればよい、という方法が考えられます。そして最近、相関を用いて非画像データの順番に意味をもたせる Correlation GraphCNN [21] が報告されました。C-GraphCNN の畳み込み手順例を、**図 1.30** に示します。

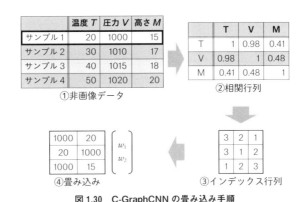

図 1.30　C-GraphCNN の畳み込み手順

　C-GraphCNN では、最初に非画像データの特徴どうしの相関係数を計算し、相関行列を作成します。相関行列は性質上、並べ替えできないため、データの順番に意味があることになります。その相関行列から、相関係数を強い順に並べたインデックス行列を作成します。

ここで、データに対してあまり相関のない特徴変数を除外するため、インデックス行列を左側から任意の行だけ削除します。図 1.30 のサンプル 1 を学習する場合、インデックス行列の各行の要素の順番にサンプル 1 から特徴変数の値を取ることで、順番に意味がある行列が作成されます。こうした行列を作成し、畳み込みを可能とするのが C-GraphCNN の手法です。

(2) 距離行列を用いた GraphCNN（D-GraphCNN）

　C-GraphCNN では、非画像データの順番に意味を与える手段として相関係数を用いていましたが、相関係数にはある欠点があります。**図 1.31** のような、3 つのデータ点がある場合を考えてみましょう。

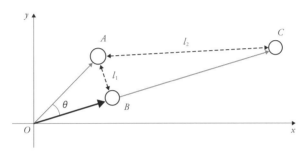

図 1.31　相関係数の欠点

　相関係数 r は、2 つのベクトルのなす角度 θ の余弦で表されるため、ベクトル OA とベクトル OB の相関係数は $cos\theta$ となります。同様に、ベクトル OA とベクトル OC の相関係数もまた $cos\theta$ で表されます。

　つまり、相関係数を基準に考えたとき、点 A, B, C は同じクラスタに分類されます。一方、データどうしの距離を基準に考えたとき、点 C は点 A, B から離れているため、一般的に点 A, B と同じクラスタとみなすことはできません。相関係数には、こうしたデータ間の実際の距離を考慮せずに関係性を決めてしまう特性があるため、データの関係性を表すのに最適とはいいきれません。ここでは、非画像データの順番に意味を与える手段として、相関係数ではなく距離をコンセプトとした **Distance GraphCNN**（以下 **D-GraphCNN**[22]）を紹介します。

　D-GraphCNN では、すべてのデータ間の距離を計算し、距離行列を作成することで、データの順番に意味を与えます。計算には**ガウシアンカーネル**を用います。

距離を表します。

$$k(x_i, x_j) = exp\left(-\frac{\|x_i - x_j\|^2}{\sigma^2}\right) \tag{50}$$

σ はカーネル関数の拡がりを制御するパラメータであり、σ が小さいほど細かいクラスタリングになり、大きいほど単純なクラスタリングになります。

ここで、GraphCNN を応用した例題を紹介します。2,153 個もの特徴と 6,148 個のサンプルデータをもつ、"Merck Molecular Activity Challenge"という問題です（https://www.kaggle.com/c/MerckActivity）。

このデータセットは、データマイニングコンペティションサイト Kaggle で扱われていた題材であり、分子内の原子間の構造に基づいて、異なる分子の活性レベルを予測するという回帰問題です。実験結果とさまざまな構成の R^2 結果 [22] を、**図** 1.32 に示します。

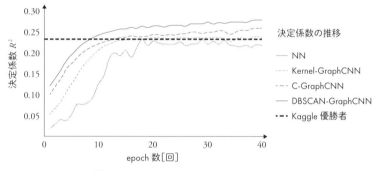

図 1.32　**Merck Molecular Activity Challenge**

DNN とランダムフォレストは、当時の Kaggle コンテストの勝者の 2 名のものです。比較すると、GraphCNN は Kaggle コンテストの優勝者よりも優れた性能を発揮していることがわかります。また、DBSAN GraphCNN は最先端技術である Spectral Networks よりも、わずかですが予測精度がよいことがわかります。**リスト 1.8** は、Merck 問題における GraphCNN の回帰コードの一部です。

```
45  # 相関行列GraphCNN
46  def correlation(num_neighbors):
47      corr_mat  = np.array(normalize(np.abs(np.corrcoef(X_train.transpose())),
         norm = 'l1', axis = 1))
48      graph_mat = np.argsort(corr_mat,1)[:,-num_neighbors:]
49      return graph_mat
50
51  # 距離行列GraphCNN
52  def gaussiankernel(num_neighbors, sigma):
53      X_trainT = X_train.T
54      row  = X_trainT.shape[0]
55      kernel_mat = np.zeros(row * row).reshape(row, row)
56      for i in range(row):
57        for j in range(row):
58          kernel_mat[i, j] = math.exp( - (np.linalg.norm(X_trainT[i] - X_trainT[j]) **
           2) / (2 * sigma ** 2))
59      graph_mat = np.argsort(kernel_mat, 1)[:,-num_neighbors:]
60      return graph_mat
```

第
1
章

機械学習と統計解析の基本モデル

1.4

教師なし学習
──特徴抽出・クラスタリング・次元削減

　1.3 節までで、機械学習と統計解析の典型的な手法を紹介してきました。いままで紹介した手法の特徴として、きちんと定義された、あるいはラベリングされた訓練データがある、という点が挙げられます。このような手法は多くの場合、教師あり学習です。

　一方、機械学習にも統計にも、教師なし学習に属するモデルが多数存在しています。教師なし学習に属するモデルは、厳密に機械学習モデルであるか統計モデルであるか区別することはできません。また、入手したデータに対して正解や不正解という判断ができないので、簡単に正解との誤差を評価する誤差関数という概念を用いることができません。

　教師なし学習の手法を実施する最大の目的は、手もとにあるデータの特徴を抽出することです。特徴を抽出することで、教師なし学習の手法であっても、抽出された特徴に基づいて回帰や分類の問題に適用することができます。このようなやりかたは、第3章で詳しく紹介します。

　本節では、**特徴抽出**を行う手法を紹介します。特徴抽出の手法は大きく分けて2種類あり、1つは**次元削減**、もう1つは**クラスタリング**です。ここでは、なぜ次元削減とクラスタリングが特徴抽出の効果があるのかについて説明します。同時に、この2種類の特徴抽出手法は本質的に等価であることを説明します。

1 ｜ 次元削減とクラスタリングの等価性

　まず、特徴抽出について説明します。特徴抽出とは、複雑の事象から本質を掴むプロセスのことです。抽象的な概念なので、図を使って説明します（**図 1.33**）。

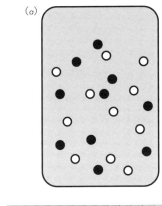

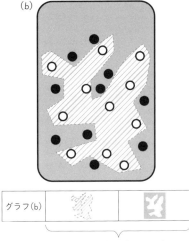

（a）　　　　　　　　　　　　　　　（b）

グラフ(a)	⬤⚫⚫⚫⚫⚫⚫○○○⚫ … ○

特徴数：21個、次元：21次元

グラフ(b)		

特徴数：2個、次元：2次元

図 1.33　特徴抽出

　たとえば、2枚のグラフがあるとします。左のグラフ(a)には、21個のデータが
あるとします。右のグラフ(b)を隠してから、グラフ(a)を眺めてみてください。
いくら眺めてもなんの特徴も感じられなかった方にとっては、このグラフの特徴
は丸が21個ある、ということになります。

　要するに、グラフ(a)内にある21個のデータはお互い独立であり相互関係がな
いので、21個の特徴を同時に使わないとグラフ(a)を表現しきれない、というこ
とです。数学的にいうと、グラフ(a)を表現するためには、21個のパラメータが
必要となります。つまり、グラフ(a)は21次元です。数学的に表現すると、次の
ようになります。

$$グラフ(a) = [\, d_1, d_2, d_3 \ldots d_{21}\,]$$

　グラフ(a)自体は2次元のグラフなのに、なぜ21次元という話になるのか、と
疑問をもつ方がいることでしょう。しかし、「グラフ(a)は2次元である」という
表現は間違っています。グラフ(a)にあるデータ点の模様を無視してデータを表
現したとき、データは21次元ではなく2次元になります。どうしても2次元を
使いたい場合は、グラフ(a)の模様抜きの各データ点は「2次元」で表現できます。

　一方、グラフ(b)はグラフ(a)にある各データ点の周辺に、むりやり境界線を引
いたものです。データ線の引きかたはいろいろとありますが、ここでは白い丸を

囲むように線を引きました。ごく簡単な処理ですが、グラフの見かたは随分と変わったのではないでしょうか。グラフを表現する際、21 個のデータは、独立としてみるより、2 つのクラスタとしてみたほうがより妥当です。$cluster_1$ は白丸のデータをすべてを囲んでいます。$cluster_2$ は $cluster_1$ を囲んでいる領域です。クラスタの数は 2 つなので、グラフ (b) の特徴数は 2 個、次元も 2 次元になります。強引に数学表現を与えると、以下のいずれかのように示せるでしょう。

$$グラフ(a) = [\, cluster_1, cluster_2 \,]$$

$$グラフ(a) = [\quad \text{\rotatebox{0}{◪}} \quad , \quad \text{◪} \quad]$$

もちろん 2 次元ではなく 3 次元まで、あるいは別の次元でグラフ (a) を表現したい場合、クラスタの数を調整すれば自由に作成することができます。以上の説明から、クラスタリングは次元削減につながり、また特徴抽出は次元削減と本質的に等価であることがわかります。

さて、データからの特徴抽出は高い自由度をもちます。結局どのように特徴を抽出すべきか、あるいは抽出した特徴が正しいかどうかをどう判断するのかは、教師なし手法の最大の課題です。

これから紹介する次元削減やクラスタリングは非常に典型的な手法であり、統計と機械学習両方において広く使われています。本書では基本原理の説明のみを行うので、応用上の情報に関しては、ほかの専門書を参照にしてください。

2 │ 1 重行列による次元削減（主成分分析）

行列方式による次元削減は、一種の数学的な手法として理解するとわかりやすいでしょう。行列方式という表現は少しわかりにくいかもしれませんが、次の例を通して理解できるはずです。

6 次元のデータ X_i があるとします。6 次元というのは当然 3 次元の世界では表現できませんが、数学的に、かつ近似的には、**図 1.34** 右側に書いた 6 次元座標系であると考えられます。

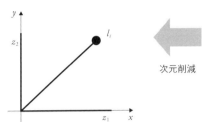

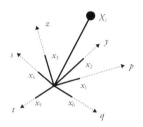

2次元 $l_i = \begin{pmatrix} z_1 \\ z_2 \end{pmatrix}$

6次元 $X_i = \begin{pmatrix} x_1 \\ x_2 \\ x_3 \\ x_4 \\ x_5 \\ x_6 \end{pmatrix}$

次元削減

図1.34　次元削減

　6次元のデータ X_i は、その6次元座標系のなかの1つのベクトルとして表現できます。ベクトルの要素は、式(51)のようになります。

$$X_i = [x_1,\ x_2,\ x_3,\ ... x_6]^T \tag{51}$$

　たとえば、このデータを2次元のデータ l_i まで次元削減を施したい場合は、どうしたらよいでしょうか。2次元でベクトルでの表現は、同図左側であり、数学的には式(52)のように表現できます。

$$l_i = [z_1, z_2]^T \tag{52}$$

　我々の目標は、6次元の X_i を2次元の l_i に変換することです。

$$l_i \leftarrow X_i$$

　数学的に行列 F を使うことで、この変換自体は非常に簡単になります。式で書くと次のとおりです。

$$l_i = F X_i \tag{53}$$

図1.35 は、この式を詳しく表現したものです。

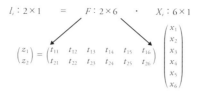

$$l_i : 2 \times 1 \quad = \quad F : 2 \times 6 \quad \cdot \quad X_i : 6 \times 1$$

$$\begin{pmatrix} z_1 \\ z_2 \end{pmatrix} = \begin{pmatrix} t_{11} & t_{12} & t_{13} & t_{14} & t_{15} & t_{16} \\ t_{21} & t_{22} & t_{23} & t_{24} & t_{25} & t_{26} \end{pmatrix} \begin{pmatrix} x_1 \\ x_2 \\ x_3 \\ x_4 \\ x_5 \\ x_6 \end{pmatrix}$$

図 1.35　行列 F による変換

2×6 という次元をもつ行列 $F_{2 \times 6}$ によって、複雑な数式を使わないで、簡単に 6 次元のベクトルを 2 次元のベクトルに変換できました。高校数学の範囲内で理解できる原理なので、詳細は割愛します。ただし、これから少し難しい話がでてきます。前述したように、特徴抽出の最大の課題は「どのように特徴を抽出すべきか」あるいは「抽出した特徴が正しいかどうか」です。

さきほどの例でいえば、「$F_{2 \times 6}$ をどのように決めるか」という問題になります。なぜなら、$F_{2 \times 6}$ という行列は無限に作れるからです。それに対応した 2 次元ベクトル l_i も無数になります。

要するに、我々の目的は多数の $F_{2 \times 6}$ ではなく、最適な $F_{2 \times 6}$ を決めることです。最適な $F_{2 \times 6}$ をどうやって決めるかは、難しい問題です。ここで登場するのが、**主成分分析**と、その関連手法である自己符号化器（AutoEncoder, AE）です。これは、制限付きボルツマンマシンにおいて使われるテクニックです。AE と制限付きボルツマンマシンは、次の多重行列による次元削減で詳しく解説します。

図 1.36 は、最適な $F_{2 \times 6}$ を決める方法の 1 つです。

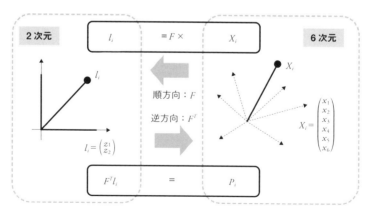

図 1.36　最適な $F_{2 \times 6}$ を決める

発想は非常に単純です。$F_{2\times6}$ という行列を使って 6 次元から 2 次元に変換したので、同じ $F_{2\times6}$ という行列を使って 2 次元から 6 次元に戻れるのは当然のことです。式で表現すると次のようになります。

$$P_i = F^T l_i \tag{54}$$

この P_i は、2 次元から 6 次元に戻ってきたベクトルです。また、ここで F^T を使っていることに留意してください。逆方向の変換であり、次元は逆になるので、F の行列の次元はそのまま使えません。行列の転置をとることで、次元が変わることになります。式で説明すると以下となります。

$$\boldsymbol{F}_{2\times6} \rightarrow \boldsymbol{F}^T{}_{6\times2} \tag{55}$$

F の行列の要素は変わっていませんが、次元は 2×6 から 6×2 に変わったことがわかります。それでは、この手法の最大のコツに入りましょう。

6 次元に戻ってきたベクトル P_i にとっては、もとの 6 次元にある初期ベクトル X_i と一致するのが最も望ましいことです。これを 2 つのベクトルの距離で表現すると、次式のようになります。

$$d = \|P_i - X_i\|^2 = 0 \tag{56}$$

以上の説明から、深く考えなければ、式(56)は十分に成立するはずです。しかし、理由はあとで説明しますが、**図** 1.37 に書いてあるように、P_i と X_i の間には普遍的に 0 ではない距離 d があります。つまり、式(56)は成立しません。

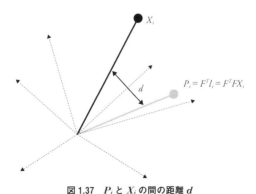

図 1.37 P_i と X_i の間の距離 d

逆にいうと、0 になるようにこの d を最小化することが、最適な F 行列を決める法則になります。次の式は、その基準です。

$$min\ \left\{ d = \|P_i - X_i\|^2 \right\} \tag{57}$$

式 (53) と式 (54) を用いると、式 (57) は次のような形となります。

$$min\ \left\{ d = \|F^T F X_i - X_i\|^2 \right\} \tag{58}$$

それでは、なぜ式 (58) で $d=0$ が成立しないのか、その理由を説明します。逆に、もし式 (58) が 0 になることが許せるなら、以下の結果になります。

$$F^T F X_i - X_i = 0 \tag{59}$$

それによって、F 行列は以下の条件を満たさないといけません。

$$F^T F = I \tag{60}$$

ここでの I は、単位行列のことです。式 (60) が成立すれば、以下の式も成立します。

$$F^T = F^{-1} \tag{61}$$

これは行列の基本法則から、F 行列は直交行列であることを意味しています。ただし、直交行列の定義から「転置行列と逆行列が等しくなる正方行列」である必要があります。つまり、条件は 2 つ必要です。1 つめは正方行列であること、もう 1 つは転置行列と逆行列が等しいことです。

まず、1 つめの条件を検証しましょう。この例で F 行列の次元は 2×6 です。2 は低次元の次元数、6 は高次元の次元数です。F 行列が正方行列になる場合、$n \times n$ という形をもつことになります。これは低次元と高次元の次元数が等しくなるので、次元削減の効果をもたない行列になります。逆に、次元削減の行列をもつためには、$n \times m (n \neq m)$ になります。すると F 行列は永遠に正方行列になれなくなり、1 つめの条件がどうして満たすことができなくなります。よって、式 (59), (60), (61) は成立しません。最適な F 行列は、この d を最小化するという最適化アルゴリズムを用いて求める方法以外、求められません。

詳しい計算は省略しますが、結論からいうと、最適な F 行列は元データ X_i からなる共分散行列 XX^T の固有関数行列です。

$$X : [X_1, X_2, X_3 \ldots \ldots X_N] = X_{M \times N} \tag{62}$$

$$\boldsymbol{F}, \lambda \quad \longleftarrow \quad \{XX^T\}_{M \times M} \tag{63}$$

ここでの N はサンプルの数、M はサンプルの高次元における次元数、計算自体は数値計算ライブラリを使用すれば簡単に計算できます。このように、共分散行列の固有関数 $\boldsymbol{F}$ や固有値 λ を使った次元削減は、主成分分析の手法です。固有値の数は主成分の数と一致し、固有値の大きさから各成分の寄与度を簡単に計算することができます。また、$X_i X_i{}^T$ は式(64)の条件を満たしているので、固有値 λ は非負であることを保証しています。

$$\{XX^T\}^T = \{X^T\}^T X^T = XX^T \tag{64}$$

図 1.38 は、サンプル数 100、次元数は 6 であるサンプルデータ $X_{6 \times 100}$ の例を通して、実際に共分散行列を使用した 6 次元から 2 次元までの次元削減の詳細を示しています。図中のグラフは、最終的に 2 の主成分軸(PC_1, PC_2)に対して、各サンプルの得点を計算してプロットした結果です。具体的な計算ルールは**リスト1.9** の PCA 計算コードの一部を参考にすればわかりやすいかと思います。

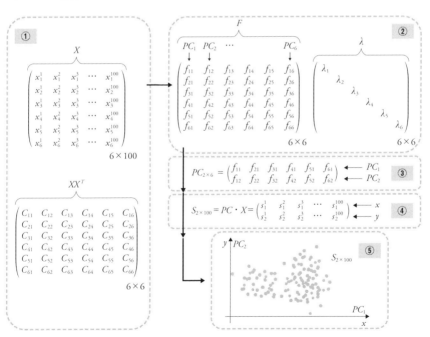

図 1.38　共分散行列を用いた次元削減の手順

```
28   def PCA(X):
29      #標本の散布行列
30      C = np.dot(X.T, X)
31      #固有値・規格化された固有ベクトル
32      w, v = np.linalg.eigh(C)
33      #固有値を降順に並び替える
34      #sortは基本昇順
35      index = np.argsort(w)[::-1]
36      #固有ベクトルを並び替える
37      T_pca = v[index]
38      return T_pca
39   T_pca = PCA(df_center)
40   #主成分軸（〖PC〗_1, 〖PC〗_2）
41   def f_pca(x):
42      y1 = T_pca[0][1] / T_pca[0][0] * x
43      y2 = T_pca[1][1] / T_pca[1][0] * x
44      return y1,y2
```

3 ｜ 多重行列による次元削減

　前項では、1重行列を使用して高次元から低次元まで次元削減を行いました。1重という名前を付けた理由は、使用している変換行列 F の数は1つになっているからです。変換行列 F を1つ以上使用することも当然できます。この場合は多重行列による次元削減になり、数段階に分けて高次元から低次元まで変換していく、というイメージです。

　このコンセプトに基づき開発された次元削減手法は、ニューラルネットワーク構造を使用した自己符号化器と、制約付きボルツマンマシンがあります。これから具体的に説明していきます。

① 自己符号化器（AE）

　自己符号化器（AutoEncoder, 以下 AE）の基本概念は、上記の主成分分析とほぼ同じです。図 1.39 は、その基本原理を示しています。

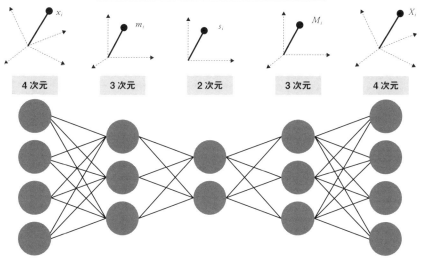

【自己符号化器】
主成分分析のニューラルネットワーク版＋非線形化

4次元　　　3次元　　　2次元　　　3次元　　　4次元

図1.39　NN を用いた次元削減

同図は、ニューラルネットワーク構造を用いた 4 次元から 2 次元まで次元削減を示しています。縦方向のニューロンの数は、基本的に次元数と対応しています。ニューラルネットワークの層と層は、重み行列で結ばれています。この重み行列 W は、主成分分析の変換行列 F と対応しています。

図中の例では、4 → 3 → 2 という 3 層構造で段階的に次元を削減しているようすがわかります。使用している変換行列は 2 つあることになります。また、主成分分析と同様に、最適な変換行列を求める必要があります。ここでは重み行列 W を決めるために、2 次元から 4 次元に次元を戻し、もとの入力データとの距離が最小になるように学習を行います。

AE では、図に示しているように、2 → 3 → 4 という順番でもとの次元空間に戻っていきます。学習が終わったあと、学習済みの重み行列 W を用いて、各入力データを入力し、2 次元のニューロンの出力をプロットすれば、主成分分析と同様な結果を得ることができます。

また、AE は従来のニューラルネットワーク識別器がもつ過学習や入力データ依存性などの欠点を有しています。そのため、さまざまな派生型 AE が開発され

ています。たとえば、Sparse AE [23] [24] では、誤差関数に正則項を導入しました。また、入力データに意図的にノイズを付与し、そのノイズを付与する前のオリジナルデータを復元するように学習を行う、Denoise AE [25] もあります。さらに、ロバスト的に特徴を抽出するために、通常の線形近似を考慮した正則項の代わりに、学習した特徴 $f(x)$ が入力したデータ x の敏感度、すなわち下記のヤコビ行列のフロベニウスノルムを導入した Contractive AE [26] という手法も提案されています。式 (65) にある $s_f(\cdot)$ は、活性化関数に対応しています。$s_f(\cdot)$ が恒等変換の場合、Contractive AE は Sparse AE や Denoise AE と近似的に等価性関係をもっていることがわかります。

$$h = f(x) = s_f(Wx + b) \tag{65}$$

$$\|J_f(x)\|_F^2 = \sum_{i,j} \left\{ \frac{\partial h_j(x)}{\partial x_i} \right\}^2 \tag{66}$$

AE は非常に自由度の高い手法で、中間層の数を任意に調整することができます。それによって層の深いニューラルネットワークを構築することができるため、深層学習の代表的な手法の 1 つとして広く使われています。AE については紹介している本や資料が多いので、ここでは詳細な記述を割愛します。詳しく知りたい方は、文献 [27] などを参照してください。

② 制約付きボルツマンマシン（RBM）

AE と類似した、多重行列を使用した次元削減手法がもう 1 つあります。それは **制約付きボルツマンマシン**（Restricted Boltzmann Machines, 以下 **RBM** [27] [28]）です。

RBM の考えかたは、AE と基本的に同じです。ただし、学習時に使用している誤差関数は簡単な最小 2 乗法ではなく、少し複雑です。RBM は離散版と連続版の 2 つがありますが、ここでは紹介資料の少ない連続版 RBM に特化して説明します。離散版は連続版のダウングレードとして、簡単に変形してそのまま使うことが可能です。

RBM は、**図 1.40** のような 2 層構造を繰り返しながら学習する手法です。高次元→低次元→高次元→低次元→高次元→……と繰り返されます。イメージとしては、3 層の AE ユニットを無限に繰り返しながら学習を進めていく手法といえます。

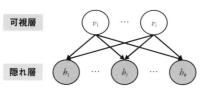

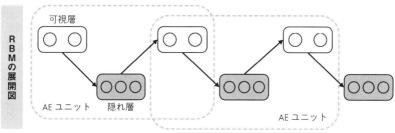

図1.40 制約付きボルツマンマシン（RBM）

ここで、エネルギー関数を以下のように定義しましょう。

$$E(v, h, \theta) = -\sum_i \frac{(v_i - a_i)^2}{2\sigma_i^2} - \sum_j b_j h_j - \sum_{ij} W_{ij} h_j \frac{v_i}{\sigma_i} \tag{67}$$

式にある a_i と b_i は、バイアスとして扱うパラメータです。また、W_{ij} は可視層と隠れ層の間に結ぶ重み行列です。これは高次元と低次元の間の変換行列 F と対応しています。σ_i は分散であり、通常定数として仮定することが可能です。連続 RBM の場合、可視層の入力値が平均を a_i、分散 σ をもつガウス分布と仮定します。それによって、従来の RBM の学習式にバイアスとして定義した a_i の計算部分 $\sum a_i v_i$ が $\frac{1}{2\sigma^2} \sum (v_i - a_i)^2$ に変わります。途中の導出は省略しますが、最後の各学習パラメータの更新式は以下となります[27]。

$$\Delta W_{ij} = \epsilon \left\{ \langle v_i h_j \rangle_{data} - \langle v_i h_j \rangle_{model} \right\} \tag{68}$$

$$\Delta a_i = \epsilon \left\{ \langle v_i \rangle_{data} - \langle v_i \rangle_{model} \right\} \tag{69}$$

$$\Delta b_i = \epsilon \left\{ \langle h_i \rangle_{data} - \langle h_i \rangle_{model} \right\} \tag{70}$$

式からわかるように、RBM はあるモデルを仮定して、そのモデルの１次モーメントと２次モーメントが入力データの対応した値と一致するように生成モデルを

学習しています。また、各式にある $\langle \cdot \rangle_{model}$ の計算は、RBM 最大の焦点です。導出は省略しますが、次式のように表現できます。

$$\langle \mathrm{v}_i h_j \rangle_{model} = \sum_{\mathrm{v},h} \mathrm{v}_i h_j p(\mathrm{v},\mathrm{h}\,|\,\theta) \quad \rightarrow \quad \langle \mathrm{v}_i h_j \rangle_{model} \quad \approx \quad \frac{1}{K}\sum_{\mathrm{r}=1}^{K} sv_i^r \cdot sh_j^r \tag{71}$$

$$\langle \mathrm{v}_i \rangle_{model} = \sum_{\mathrm{v},h} \mathrm{v}_i p(\mathrm{v},\mathrm{h}\,|\,\theta) \quad \rightarrow \quad \langle \mathrm{v}_i \rangle_{model} \quad \approx \quad \frac{1}{K}\sum_{r=1}^{K} sv_i^r \tag{72}$$

$$\langle h_j \rangle_{model} = \sum_{\mathrm{v},h} h_j p(\mathrm{v},\mathrm{h}\,|\,\theta) \quad \rightarrow \quad \langle h_j \rangle_{model} \quad \approx \quad \frac{1}{K}\sum_{r=1}^{K} sh_j^r \tag{73}$$

上の式からわかるように「$p(\mathrm{v},\mathrm{h}\,|\,\theta)$ をどうやって求めるか」は、モデルの平均値を計算するには避けられないことです。1 つの手法として、**ギブスサンプリング**が提案されています。$p(\mathrm{v},\mathrm{h}\,|\,\theta)$ をサンプリングするために、$p(\mathrm{v}\,|\,h,\theta)$ と $p(h\,|\,\mathrm{v},\theta)$ を交互にサンプリングし、得られた $\{sv_1,sh_1\},\{sv_2,sh_2\},\{sv_3,sh_3\}...\{sv_i,sh_i\}$ から次の式のように平均値を計算します。この 2 つの条件付き確率分布 $p(\mathrm{v}\,|\,h,\theta)$ と $p(h\,|\,\mathrm{v},\theta)$ が解析的に表現できれば、RBM の学習に必要とされる上記の 3 つの変数におけるモデルの期待値を、ギブスサンプリングで近似的な平均値として計算できます。従来の「連想記憶」、すなわち v を用いて、$h=1$ の確率を「連想」する確率分布 $p(h=1\,|\,\mathrm{v})$ は、通常のシグモイド関数 $f(\cdot)$ を用いて計算します。

$$p(h=1\,|\,v) = f\left(\left[\frac{1}{\sigma}\sum_i w_{ij}v_i + b_j\right]\right) \tag{74}$$

また、h を用いて v の連続実数値を「連想」する際、平均 $a_j + \sigma\sum w_{ij}h_j$、分散を σ をもつガウス確率分布 $\mathcal{N}(\cdot)$ からサンプリングした値を使用します。

$$p(\mathrm{v}\,|\,h) \rightarrow \mathcal{N}\,(a_j + \sum w_{ij}h_j,\ \sigma^2 I) \tag{75}$$

これらの確率分布の解析式を求めたので、RBM の学習はサンプリングしながら進めていけるのです。

4 | 統計分布による次元削減（t-SNE）

以上、行列を用いた次元削減手法を紹介しました。続いて、行列を使わずに次元を削減できる別の手法を紹介します。

非行列を利用した次元削減手法として最初に挙げられるのは、**t-SNE**

（t-distributed Stochastic Neighbor Embedding[29]）です。そのまま日本語に訳すと
「t 分布型確率的近傍埋め込み法」となります。

　名前からわかるように、非行列型の次元削減手法は抽象的で理解しにくいのが
特徴です。ここでは t-SNE の原理をできるかぎり平易に説明します。

　主成分分析は非常によい次元削減手法ですが、**図 1.41** に書いたような欠点があ
ります。

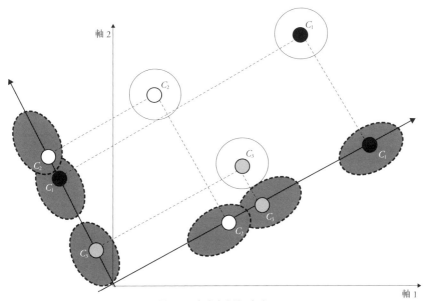

図 1.41　主成分分析の欠点

　2 次元の空間に 3 つのクラスタがあるとします。2 次元空間では、3 クラスタは
相当な距離をもってお互いに独立しています。主成分分析のような低次元軸に投
影する手法を用いる場合、たとえば軸 1 に投影すると、C_2 と C_3 クラスタと C_1 の
間には十分な距離があるので、これはもとの 2 次元空間の情報と一致しています。
この場合、次元削減を行っても情報が保たれているといえます。

　しかし、C_2 クラスタと C_3 クラスタの間については、重なりが起きることによっ
て、C_2 と C_3 クラスタに属しているデータの一部分は区別できなくなります。こ
れは次元削減前の 2 次元空間の情報と違う結果です。このことは、**情報ロス**とよ
ばれています。

　軸の方向を変えても、同様なことが起きます。たとえば、軸 2 に投影する場合、

C_2 と C_3 の間はもとの 2 次元空間の情報が保たれますが、C_2 と C_1 との間に重なりによる情報ロスが起きてしまいます。このような情報ロスは誤分類や誤った特徴抽出につながるので、避ける必要があります。もとの高次元空間の情報をできるかぎり保ったままで次元削減を行うことが、最も望ましいといえます。t-SNE は、まさにそのような効果を有する手法です。

t-SNE の基本出発点は「高次元空間にあるデータの特徴を、できるかぎり低次元にもっていく」というところにあります。どんな特徴かというと、次元に依存しない情報、すなわちベクトルではなくスカラの情報です。t-SNE 手法が着目している次元に依存しない特徴量は、データ間の位置情報です。もっと簡単に述べると、データ間の距離という情報を高次元から低次元にマッピングしていくことです。距離はスカラであるので、高次元 5km 離れている 2 つのデータ点は低次元にマッピングされたとしても、5km の距離を保ったままで簡単に実現することができます。データの全体の観点からいうと、データの位置分布あるいは密度分布を低次元にマッピングすることができるのです。

これらは t-SNE 手法が成立するための前提条件です。マッピングは、t-SNE 手法では **Embedding**、あるいは**埋め込み**とよばれます。近傍に埋め込むために t 分布を用いることで、高次元空間では近いデータどうしの距離を低次元に埋め込んだのち、人為的に（数学的に）さらに近くさせ、遠いデータどうしはさらに遠く離れるようにさせます。この効果を作り出しているのは t 分布です。それでは、模式図を通して説明していきます。

図 1.42 は、t-SNE を用いて、2 次元（2D）のデータを 1 次元（1D）に次元削減する例です。

t-SNE は、まず 1 次元空間に 2 空間にあるサンプルデータ数と同じサンプル数をランダムに作成し、任意の位置で配置することから始まります。同図には、2 次元に 8 個のデータ x_i があるので、1 次元にも 8 個のデータ z_i を用意しました。次に、位置分布あるいは密度分布を低次元マッピングするために、まず、それぞれの距離分布を計算します。ただしここでは、確率を適用するために、ユークリッド距離をそのまま使用しないのが特徴です。ガウスカーネルを利用すれば、簡単にユークリッド距離を確率に変換することができます。式は次のとおりです。

$$P_{j|i} = \frac{\exp(-\|x_i - x_j\|^2/2\sigma_i^2)}{\sum_{k \neq i} \exp(-\|x_i - x_k\|^2/2\sigma_i^2)} \tag{76}$$

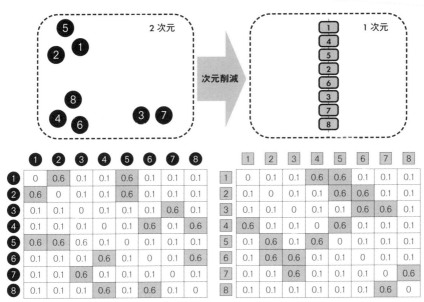

2次元距離確率表 $2D - p_{ij}$ 　　1次元距離確率表 $1D - q_{ij}$

図1.42　t-SNEによる次元削減

$P_{j|i}$ と $P_{i|j}$ は、データ間の距離から計算された確率です。また、それぞれ規格化されているので、$P_{j|i}$ は $P_{i|j}$ と等しくない場合が多くなります。両者の平均を取ることで、2次元空間のデータどうしの P_{ij} 距離確率分布表を作成することができます。

$$P_{ij} = \frac{P_{j|i} + P_{i|j}}{2} \tag{77}$$

式(76)と式(77)で計算した結果を、概略的に図1.42に示しました。同様に、1次元空間任意に配置された8個のデータの距離確率分布表を作成することができます。ただし、その際に使用するカーネルはガウス分布ではなく、t 分布カーネルです。式は次のとおりです。

$$q_{ij} = \frac{(1 + \|z_i - z_j\|^2)^{-1}}{\sum_{k \neq l}(1 + \|z_k - z_l\|^2)^{-1}} \tag{78}$$

式 (78) を使って計算した、1 次元に任意に配置された 8 個のデータ z_i どうしの距離確率分布表は、図 1.42 に示しています。2 次元の分布表と比較すると、随分違う形をもっていることがわかります。

　これから t-SNE の学習部分に入ります。t-SNE における学習は明快であり、図 1.42 に示している 2 つの分布表をいかにして同じあるいは近い形にさせるか、ということです。分布間の距離を最小にするのは、機械学習分野ではすでに既存の手法があります。それは**カルバック・ライブラー情報量（KL ダイバージェンス）**です。これを使って図 1.42 に示している 2 つの分布表を近づけることが可能になります。KL ダイバージェンスに基づく誤差関数は、以下のように定義します。

$$L = KL \{ p_{ij}(2D) \,||\, q_{ij}(1D) \}$$

$$KL(P||Q) = \sum_{i \neq j} p_{ij} \, log \, \frac{p_{ij}}{q_{ij}} \tag{79}$$

　誤差関数 L が、パラメータは 1 次元空間に任意に配置されているデータの位置 z_i となります。これらのデータ位置を移動することで、最終的に 1 次元空間上に各データ間の距離の確率分布は、2 次元空間の物と一致することになります。このイメージは図 1.42 に示しています。そのため、誤差関数 L の値が 0 になるようなパラメータ z_i を最適化しないといけません。

　通常の勾配降下法で、この目的を達成することができます。

$$\frac{\delta L}{\delta z_i} = 4 \sum_j (p_{ij_{ij}})(z_i - z_j)(1 + \|z_i - z_j\|^2)^{-1} \tag{80}$$

$$z_i \leftarrow z_i + \alpha \frac{\delta L}{\delta z_i} \tag{81}$$

　これによって、図 1.42 の右側に示しているように、1 次元空間でも各データ点間の距離確率分布は、図 1.42 の左側にある 2 次元距離確率分布表の形と一致することになります。図 1.43 の学習後の 1 次元データの配置から、確かに 3 クラスタの情報がほぼ完全に維持されたままで 1 次元に次元削減がされていることがわかります。

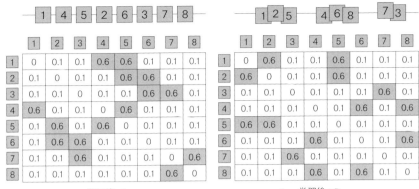

学習前 $1D - q_{ij}$ $\longrightarrow$ 学習後 $1D - q_{ij}$

誤差関数　$L = KL \{ p_{ij}(2D) \| q_{ij}(1D) \} \to 0$

$$z_i \leftarrow z_i + a \frac{\delta L}{\delta z_i}$$

図 1.43　t-SNE の計算の概略図

　また、この結果と主成分分析の結果と比較すると、t-SNE の特徴がみえてきます。データの分布からわかるように、図 1.42 に示している例題を主成分分析で解析すると、図 1.41 と同様に情報ロスが起き、3 クラスタどうしの情報を正しく抽出できなくなります。それに対して、図 1.43 に示した t-SNE の結果は、2 次元空間の位置特徴をそのまま維持しつつ、1 次元にマッピングされていることがわかります。

　リスト 1.10 は、t-SNE による次元削減のコードの一部です。

```
35   #式(78)のデータ間の距離の計算
36   def connect_q(self,Y):
37     summation = np.sum(np.square(y), 1)
38     neg_distance = np.add(np.add(-2 * np.dot(y, y.T), input_sum).T, input_
       sum)
39     distance = - neg_distance
40     power_distance = np.exp(distance)
41     np.fill_diagonal(power_distance, 0.)
42     return power_distance / np.sum(power_distance)
 ⋮
46   #式(78)の計算：t-分布
47   def tene_4_q(self,y):
48     summation = np.sum(np.square(y), 1)
49     neg_distance = np.add(np.add(-2 * np.dot(y, y.T), summation).T, input_
       summation)
50     distance = - neg_distance
51     inverse_distance = np.power(1. - distance, -1)
52     np.fill_diagonal(inverse_distance, 0.)
53     return inverse_distance / np.sum(inverse_distance), inverse_distance
54   #式(76)の計算
55   def matrix_4_p(self,distance, total = None):
56     if total is not None:
57       q_sigma = 2. * np.square(total.reshape((-1, 1)))
58       return self.cal_softmax(distance / q_sigma)
59     else:
60       return self.cal_softmax(distance)
```

5 ｜ 競合学習による次元削減

　前節は、非行列手法の１つである t-SNE を紹介しました。ただし、t-SNE には
いくつかの欠点があります。

(1) 2 or 3 次元への次元削減は保証されていますが、それ以外の次元への削減は
　　失敗することが多くなります。そういう意味では、t-SNE を可視化手法とし
　　て使うのが無難です。
(2) 高次元空間におけるデータどうしは、分散が大きい場合ユークリッド距離だ
　　けを使うと厳密には正しくなくなります。別の距離を使用することは可能で
　　すが、分散行列の計算などが必要になり、計算コストが非常に高くなります。

　ここでは、非行列手法として、t-SNE 以外にいくつかの手法、すなわち自己組
織化写像法（self-organizing map, SOM）法、k 平均法、EM 法を紹介します。
　これらの手法の共通な特徴として挙げられるのは、**競合学習**[30]を中心原理と
したクラスタリング手法だということです。クラスタリングと特徴抽出と次元削
減の等価性は、さきほどで説明しました。競合学習の基本を抑えておけば、ここ
で紹介する手法を簡単に理解することができます。まずは競合学習の説明を行
い、それから各手法について解説します。

① 競合学習
　図 1.44 には、**競合学習**の模式図を示しています。(a)には、2 次元上に多数の
データ点が存在していると仮定します。データ分布は乱雑ではなく、一定の形を
もつクラスタ構造になっていることがなんとなくわかります。
　それぞれの図の中心にあるメシュ構造は、低次元にマッピングするための組織
です。同図からわかるように、メシュ構造に多数のデータ点があります。メシュ
組織にあるデータ点はノードとよびます。同図では、ノードの数は 25 個にしま
した。

メシュ構造にあるノードの数は、周辺のデータ点よりはるかに少なくなっています。この数のずれが、競合学習の最大の肝です。競合学習では、この数の少ない25個のノードを用いて、周辺の多数のデータ構造の形や特徴を反映することが目的です。このしくみこそが、競合学習アルゴリズムのコアの概念です。

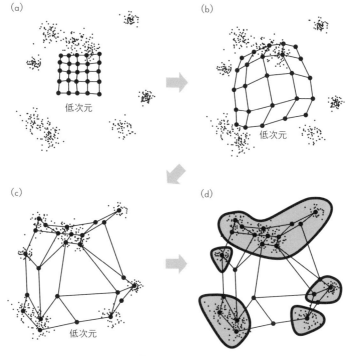

図 1.44　競合学習

　学習がうまくいけば、最終的に25個のノードの位置を移動しながら、もとのデータの分布を「おおむね」反映できるようになります（同図(c)）。最後に、同図(d)に示すように、ノードの密度分布を出力すれば、もとのデータのクラスタ構造を反映したクラスタリングができることになります。では、この25個のノードを、どうやって移動して元データの構造をマッピングするか、というしくみについて説明します。

　図 1.45 は、2次元のデータを、7個のノードを通して次元削減する例を示しています。

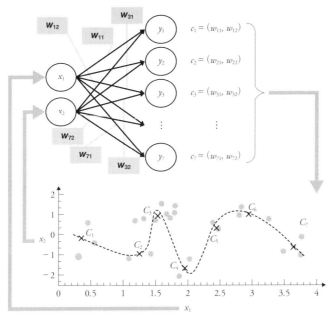

図1.45　競合学習を用いた2次元データの次元削減

競合学習は、以下のように簡単なアルゴリズムで実行されています。

① $i_{winner} = argmin \| \mathbf{x} - \mathbf{w} \|$

② $y_i = \text{one-hot} \; 関数 = \begin{cases} 1 & (i = i_{winner}) \\ 0 & (i \neq i_{winner}) \end{cases}$

③ $w_{ij}(t) = w_{i1}(t-1) + \varepsilon y_i \{ x_j(t-1) - w_{ij}(t-1) \}$

ステップ①においては、まず入ってきた学習データ点 $\mathbf{x}$ とランダムに配された7個のノード間の距離を計算します。

$C_i = (\mathbf{w}) \; \rightarrow \; C_i = (w_{i1}, w_{i2}), \quad i = 1 \dots 7$

競合学習では、最初に複数のノードを仮定します。データ点が入ってきたら、仮定した各ノードの距離を測り、入力データに最も近いノードを勝ちノードとして定義します。

ステップ②では、勝ちノードの重みを更新するために、One-Hot 関数の y_i を指定します。

ステップ③では、すべてのノードに対して、逐次平均というアルゴリズムで、勝ちノードの座標を入力点に近づいていくように引っ張っていきます。このプロセスをすべての入力点に対して操作していくと、最終的に図 1.45 下段のように、7 個のノード点の位置情報が決められます。これらのデータ点を繋げていくと、元データの回帰曲線として使えます。

② 自己組織化マップ（SOM）

　自己組織化マップ（Self-Organizing Maps, 以下 **SOM**[31]）は、以上の競合学習を、高次元から 2 次元への次元削減手法として使えるように拡張したものです。基本的な考えかたは、**図 1.46** に示すように、競合学習と同じです。

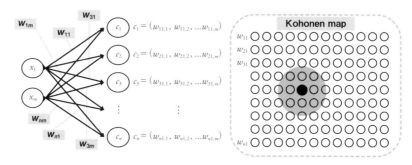

図 1.46　SOM の基本原理

　2 次元にマッピングするため、優勝ノードを表す際に、One-hot ではなく以下の近傍関数を用いることになっています。

$$y_i＝近傍関数＝e^{(-\frac{\|w_{winner}-w\|^2}{\alpha})} \tag{82}$$

　ノードの重みの更新式は、競合学習と同じです。ただし、2 次元に拡張するために、ノードの重みベクトルは多次元ベクトルになっています。

$$C_i＝(\mathbf{w}) \rightarrow C_i＝(w_{ij,1}, w_{ij,2} \ldots w_{ij,m})$$

　また、w_{ij} は kohonen map という 2 次元空間に固定されています。重みを更新する際に、勝ちノードとその近傍のノードが同時に更新されます。ただし更新量は y_i と比例して、勝ちノードから離れていけばいくほど、指数関数的に減衰して

いくことになります。

　リスト 1.11 は、SOM を使った次元削減コードの一部です。アヤメ (iris) という
データを用いて検証しました。その結果は、**図 1.47** に示しています。

リスト 1.11　SOM 手法による次元削減コードの一部抜粋（som.py）

```
104  #式(82)に関する計算
105  def  bestmachingunit( s, structure, t):
106    x_bmu = np.array([0,0])
107    minimum_distance = np.iinfo(np.int).max
108    for k in range (structure.shape[0]):
109      for j in range(structure.shape[0]):
110        weinght = structure [k,j,:].reshape(t, 1)
111        distance = np.sum((weinght - s) ** 2)
112        if (distance < minimum_distance):
113          minimum_distance = distance
114          x_bmu = np.array([k, j])
```

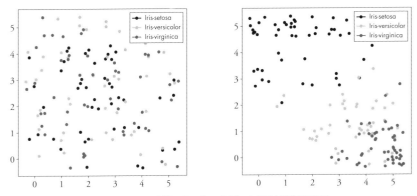

図 1.47　SOM を用いたアヤメのデータの次元削減の結果

③ k 平均法（k-means）

　競合学習に基づく別の手法に、簡単に触れます。まず **k 平均法** [32] を紹介しま
す。k 平均法は SOM と同様に、従来の競合学習から少し拡張した手法です。k は
クラスタの数のことです。データ数が少ないとき、手計算レベルで理解すること
ができます。**図 1.48** には、簡単な例を示しています。

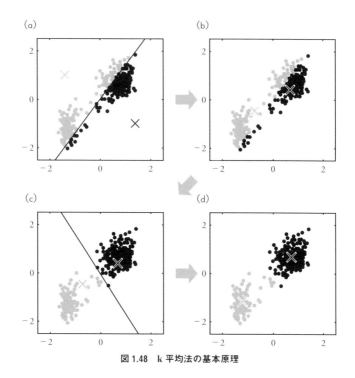

図 1.48　k 平均法の基本原理

　図中にあるデータを、k＝2 クラスと（R, P）に分けることを目的としています。まずは競合学習の基本手順から、勝ちデータを計算しましょう。最初に、ランダムにノード R のノード P の位置座標を設定します。たとえば、図 1.48 のような位置となっているとします。

　続いてノード R とノード P に対して勝ちデータを決めます。簡単にいうと、ノード R により距離が近いデータはクラスタ R に分類します。ノード P により距離が近いデータはクラスタ P に分類します。距離の計算は、今までの競合学習と同様の計算式を使います。式は次のとおりです。

$$i_{winner} = argmin \| \mathbf{x} - \mathbf{w} \| \tag{83}$$

　これによって、結果は図 1.48(a) になりました。また、境界線をみたい場合は、クラスタ中心点の連線から垂直線を作成すれば境界線となります。

　2 クラスタに分類されたので、それぞれのクラスタの平均点を下式で計算します。y_i は相変わらず One-Hot 関数方式を採用します。

$$y_i = \text{One-Hot関数} = \begin{cases} 1 & (i = i_{winner}) \\ 0 & (i \neq i_{winner}) \end{cases}$$

$$w_i = \sum_{i=1}^{7} y_i \sum_t x_i(t) \tag{84}$$

これによって、クラスタリングされたデータの新しい中心点が更新されます。それが同図(b)の結果です。次に、この新しいクラスタの中心点に対して、もう1回競合学習を行います。するとデータは新しく分類され、結果は同図(c)になります。これに基づき、クラスタの中心点を再度計算します。

このプロセスを繰り返しているうちに、クラスタの中心は更新しなくなるので、収束と判断し最終のクラスタリングの結果として出力します。これがk平均法の全貌です。競合学習をわかっていれば、とくに難しいところはないと思います。

リスト 1.12 は、k平均法を使った次元削減コードの一部を抜粋して載せています。ここでも、アヤメ(iris)を用いて検証しました。

リスト 1.12　K-means 手法による次元削減コードの一部抜粋（kmeans.py）

```
31  def update_centers(self):
32    while self.error()!= 0:
33      for i in range(self.K):
34        self.distances[:,i] = np.linalg.norm(X - self.centers[i], axis = 1)
35      #式(83)に関する計算
36      self.clusters = np.argmin(self.distances, axis = 1)
37      self.centers_old = replica(self.centers_new)
38      #式(84)に関する計算
39      for i in range(self.K):
40        self.centers_new[i] = np.mean(self.X[self.clusters == i], axis = 0)
41      error = np.linalg.norm(self.centers_new - self.centers_old)
```

④ Expectation-maximization algorithm（EM 法）

次は、k平均法から少し拡張した Expectation-maximization（**EM 法**[33]）を紹介します。EM 法の基本的な考えかたは、SOM と類似しています。最大のポイントは、w_i が正規分布をもつ確率分布であると仮定することです。それによって勝ちデータを決めるとき、次の式を使います。

$$i_{winner} = argmax \ \frac{1}{\sqrt{2\pi}\sigma} e^{-\frac{(X-W)^2}{2\sigma}} \tag{85}$$

　確率分布を導入することで、過学習を防ぐことができます。クラスタの中心点は正規分布の平均値と対応するので、分散のことを考慮しなければ、k 平均法の計算プロセスとまったく同じです。分散の更新は、クラスタリングされているデータの分散を計算すれば、簡単に付与することができます。**図 1.49** は、簡単な例を示しています。

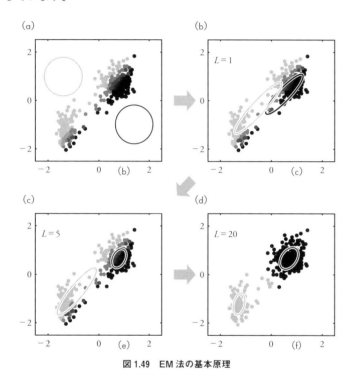

図 1.49　EM 法の基本原理

　20 回繰り返して EM 法を実行したところ、平均値が収束していることがわかります。ただし、ここで紹介した EM 法の原理は、最も簡単なものです。クラスタの数は最適化する必要がある場合、もっと洗練したアルゴリズムが必要になるので、文献の該当内容を参考にしてください。

　リスト 1.13 は、EM 法を使った次元削減コードの一部です。2 次元正規混合分布データを用いて検証しています。

```
32  #E-step
33  def expectation(self, X):
34      resps = self.weights * self.gauss(X)
35      resps / = resps.sum(axis =-1, keepdims = True)
36      return resps
37  #M-step
38  def maximization(self, X, resps):
39      Nk = np.sum(resps, axis = 0)
40      self.weights = Nk / len(X)
41      self.means = X.T.dot(resps) / Nk
42      diffs = X[:, :, None] - self.means
43      self.covs = np.einsum('nik,njk-> ijk', diffs, diffs * np.expand_dims(resps, 1)) /
            Nk
44  #式(85)の計算
45  def classify(self, X):
46      joint_prob = self.weights * self.gauss(X)
47      return np.argmax(joint_prob, axis = 1)
```

第 1 章 機械学習と統計解析の基本モデル

6 ┃ モンテカルロ粒子フィルタによるベイジャン型次元削減

　最後に、ベイジャン型の次元削減手法を紹介します。本節の内容は複雑になるので、機械学習の理論より応用を重視している方は、この節を飛ばして次章に進むことをおすすめします。

　ベイジャン型粒子フィルタによる次元削減は、おもに時系列データの予測や異常診断に使われます。粒子フィルタは、ベイズモデルを用いたモデルベースの回帰予測手法[34]です。**図** 1.50 (a) に示すように、観測値 z_t ($z_1, z_2, ... z_7$) が与えられたもとで、余寿命 x_t（同図では 4 粒子 x_1, x_2, x_3, x_4）を予測するという課題です。

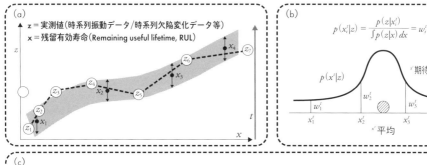

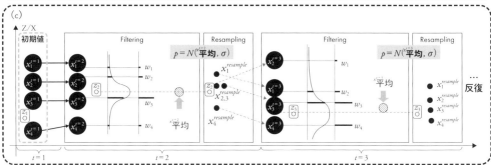

図1.50　ベイジャン型粒子フィルタの基本原理

　ベイズ的観点から、余寿命 x を隠れ変数とみなし、余寿命 x を予測するために、下記のように事後確率 $p(x_i^t | z)$ を計算することになります。方法論として、**逐次モンテカルロ探索**（Sequential Monte-Carlo, 以下 **SMC** [34]）があります。まず、$p(x_i^t | z)$ をベイズ的に展開すると次のようになります。

$$p(x_i^t | z) = \frac{p(z | x_i^t)}{\int p(z | x) dx} = w_i^t \tag{86}$$

　$(z | x_i^t)$ は尤度関数、$p(x_i^t)$ は隠れ変数 x の事前分布です。分母は規格化するために、隠れ変数に対する周辺分布です。通常、事前分布は未知なので、一様分布 $p(x_i^t) = 1$ として仮定できます。これによって $p(x_i^t | z)$ の計算は尤度の計算になります。

　さらに同図(b)に示すように、規格化された尤度関数を重み w として定義します。事後分布は重み w を用いて、非常に簡単な形になります。

同図 (c) には、SMC の基本手順を示しています。Filtering ステップでは、隠れ変数 $t=1 : x_i^1$ が $t= : x_i^2$ のように進行し、それに伴い観測値 z_2 が与えられます。同図 (c) では、$p(z|x_i^t) = \mathcal{N}(z, \sigma)$ から各重み w を計算することができます。また、隠れ変数 x の期待値を、同図 (b) のように重み w を使って計算できます。

分散はハイパーパラメータとして事前に指定すれば、$p(x_i^t|z)$ がガウス分布を用いると

$$p(x_i^t|z) \sim \mathcal{N}(\boldsymbol{x}_{期待値}^t, \sigma)$$

として表現できます。この分布から x_i^t をリサンプリング (Resampling) をすると、新たな隠れ変数 x が更新され、次のステップの初期値として使用できます。このプロセスを繰り返すことで、新たな観測値が与えられるたびに事後確率が計算され、隠れ変数を更新していくアルゴリズムになっています。

リスト 1.14 は、モンテカルロ粒子フィルタを使った次元削減コードの一部です。

リスト 1.14 モンテカルロ粒子フィルタ手法による次元削減コードの一部抜粋（mcpfilter.py）

```
70  #式(86)に関する計算
71  normalized_weight [n] = w[t]/np.sum(w[n])
72  mc_output = mc_sampling(normalized_weight,particle)
```

第 2 章

非時系列データにおける
異常検知

　第1章で紹介した各種モデルと異常検知は、深くつながっています。本章では、前章で解説した各種手法を用いた、非時系列データに対する異常検知を解説していきます。

　まずは、異常検知の手順とデータ構造による手法の変化について述べ（2.1節）、手法を解説したのち（2.2節～2.5節）構築した異常検知モデルの精度検証について述べます（2.6節）。

2.1

異常検知とデータ構造

1 | 異常検知の4ステップ

異常検知には、次の4つのステップがあります（**図2.1**）。

STEP 1　特徴抽出とモデル構築

機械学習や統計解析の手法で分布モデルを求め、特徴抽出を行います。

STEP 2　異常度の定義

誤差関数を利用して、異常度を算出します。

STEP 3　閾値の設定

「この値より大きい場合は異常」と判断できる異常度閾値を設定します。

STEP 4　モデルの検証

構築した異常検知モデルの精度を検証します。

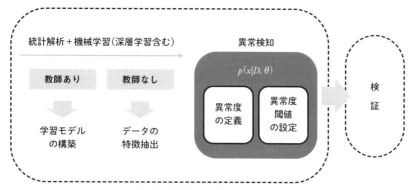

図2.1　異常検知の4つのステップ

第 1 章で紹介したさまざまな手法は、STEP 1 でデータの分布を推定したり、特徴を抽出したりする役割を果たしています。そのため、第 1 章の内容が応用できます。異常検知特有の内容は、STEP 2 の「異常度の定義」と STEP 3 の「異常度閾値設定」だけです。

そのうえ、異常度の定義や閾値の設定は、機械学習などで使用した誤差関数のモデルに基づき、定量的に評価されています。そのため、さきほど「異常検知特有の内容」と述べた異常度の定義と閾値の設定も、本質的には機械学習や統計の知識や技術が必要となります。第 1 章で解説した事柄と異常検知が密接に関わっていることが、図 2.1 からわかったのではないでしょうか。

異常検知の手法は、機械学習と同様に「教師あり」と「教師なし」に分類できます。ここでの「教師」とは、データが異常であるか正常であるかについて、あらかじめラベリングされていることを意味します。伝統的な異常検知の手法は教師なし手法に分類されることが多いので、本章でも教師なし手法から説明を始めます。1.4 節で紹介した教師なしに分類されるアルゴリズムを適用できるので、わからなくなったら第 1 章を振り返りながら読み進めてください。

異常度の定義や閾値の見かたは、やや抽象的な概念なので、できるだけ手法ごとに図示しながら原理と応用事例を説明していきます。

2 | 3 種類のデータ構造と異常検知の手法

1.3 節で触れたように、バイアス（平均）とバリアンス（分散）の関係は、機械学習モデルと統計モデル両者の土台になっています。実は、第 1 章で説明したすべてのモデルやアルゴリズムの原理は、平均と分散に置き換えて説明することが可能です。また、異常検知の手法は例外なく、バイアスとバリアンスの縛りに依存しています。

図 2.2 は、ある 3 種類のデータに対して行われた処理を示したものです。同図の (a) 〜 (c) すべてのデータ構造において、異常検知を行うことが可能です。異常検知は、まず手もとにあるデータの平均点がどこにあるのかを求め、この平均点を用いて各データを評価します。データの平均点を評価する場合、図 2.2(a) のように、単純な正規分布が成り立つ場合は処理が簡単です。そのときの平均をデータ自体の平均とみなし、分散はサンプルの分散をそのまま使用することが可能だからです。

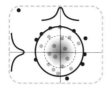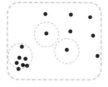

（a）正規分布と仮定できるデータ　　（b）非正規分布のデータ　　（c）より複雑な構造のデータ

図 2.2　3 種類のデータ構造

　一方、同図(b)のように、単純に正規分布として表現できない場合もあります。さらに、非正規分布の場合は各クラスタのデータ密度に違いが生じます。このタイプのデータの異常検知は、同図(a)の場合よりも複雑になります。

　同図(c)は、さらに複雑なデータの構造……多クラスタや多峰性の分布をもっています。このようなデータにおける異常検知では、1.4 節で説明した主成分分析や k 平均法、EM 法などを応用することが可能です。

　以降、図 2.2 に示す 3 種類のデータ構造における異常検知の解析手法を説明していきます。2.2 節は(a)、2.3〜2.4 節は(b)、2.5 節は(c)について言及します。

2.2

正規分布に基づく異常検知

1 ｜ 1次元正規分布に基づく異常検知

　まず、図2.2(a)のようなデータ構造に関する検知手法を説明します。データ構造を正規分布として仮定できる場合、異常検知のSTEP1「特徴抽出」の手順を省き、直接異常度の定義に進むことが可能です。

　簡単にするため、まず基本的な1次元正規分布に基づいて異常検知の手順を解説していきます。1次元とは、データのパラメータが1つであることを意味します。パラメータが複数ある場合については、次項で説明します。

① 異常度の定義

　データ $D = \{x_1, x_2, \cdots x_N\}$ があると仮定しましょう。このデータ D の分布 $p(x|\theta)$ が求められたとします。その際、新たな観測値 x' における**異常度** α は、次のように定義されています。

$$\alpha = -\ln(p(x'|D, \theta)) \tag{1}$$

ここでデータ D は、次のように正規分布であると仮定します。

$$P(x; \mu, \sigma) \equiv \frac{1}{2\pi^{\frac{1}{2}}\sigma} \exp\left\{-\frac{1}{2}\frac{(x-\mu)^2}{\sigma^2}\right\} \tag{2}$$

この μ はデータの平均値、σ^2 はデータの分散値です。式(2)を式(1)に代入して計算すると、正規分布データにおける異常度は、次のように表現できます。

$$\alpha = \frac{(x-\mu)^2}{\sigma^2} \tag{3}$$

抽象的で捉えにくい概念なので、**図 2.3** に、式 (2) と式 (3) の結果を図示します。

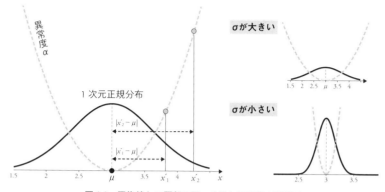

図 2.3　平均値との距離の図、分散と異常度の関係図

　図 2.3 からわかるように、データの正規分布が鐘型になっているに対して、異常度 α の分布は放物線の形状をもっています。異常度 α は、正規分布中央の平均値のところで 0 になっています。そして平均値から離れるにつれて高くなっていきます。これが式 (2) の意味です。$(x-\mu)^2$ を平均との距離 $|x-\mu|$ として近似的に理解できるので、同図に示すように、データの平均値との距離で異常度 α を表現することができます。

　ただし、式 (2) の分母には分散 σ^2 が入っています。分散 σ^2 の効果は、同図右側のグラフに示しています。たとえば分散 σ^2 が小さい場合では、データの正規分布も異常度 α の分布も鋭くなります。直感的にいうと、平均との距離 $|x-\mu|$ が同じである 2 つのデータ点に関しては、小さい分散 σ^2 をもつデータの異常度 α が高いという結果になります。これは数学的に式 (2) で検証すれば自明なことです。

　異常度を評価する際に、距離と分散両方を考慮することはとても重要です。実はこの 2 つの要素は、これから述べるすべての異常検知モデルの構築において、重要な内容です。正規分布モデルにおいて、データ分散を考慮して計算した各データと平均値との距離を**マハラノビス距離**とよびます。マハラノビス距離は、製造業界や加工分野における異常検知で大変活躍している、実用的な判断指標です。

② 異常度と誤差関数の関係

　異常度は式 (3) で、やや天下り的に定義しました。なぜこのように定義される

のか、少し説明します。これを通して、異常検知と機械学習の誤差関数の関係を深く理解することができるでしょう。

　もう一度、図 2.3 の異常度 α の曲線を眺めましょう。鋭い方はすでに気付いているかもしれませんが、この曲線は、第 1 章で説明した機械学習の回帰問題に適用した誤差曲線と非常に似ています。「似ている」どころか、実は両者は本質的に「同じである」と判断することができます。

　以下に、式(3)と 1.3 節で説明した誤差関数 $L=[\boldsymbol{d}-f(s)]^2$ の等価性を証明します。第 1 章でも説明しましたが、$f(s)$ は機械学習モデルであり、通常、データの入力値である s の数学関数として表現します。ここでは、最も簡単な学習モデルを紹介します。

$$f(s)=\frac{d_1+d_2+...+d_N}{N}=\mu \tag{4}$$

　要するに、すべてのデータの出力である d の平均として近似するのです。データの平均なので、$f(s)$ という関数にパラメータを使用する必要がありません。確かに簡単です。さらに、式(4)のデータ d を 異常度の定義で使用したデータ $\boldsymbol{x}$ に置き換えます。この 2 つの処理から、以下のような関係が成立します。

$$L=[\boldsymbol{d}-f(s)]^2 \quad \rightarrow \quad L=(\boldsymbol{x}-\mu)^2 \quad \rightarrow \quad L=\frac{(\boldsymbol{x}-\mu)^2}{1^2} \quad \rightarrow \quad \alpha=\frac{(\boldsymbol{x}-\mu)^2}{1^2}$$

　1.3 節で紹介した 2 乗誤差は、本節で定義した分散を 1 として仮定した異常度 α と等しくなります。分散は 1 ではない場合も当然ありますが、定数として仮定するのが普通です。よって、一般的に、異常度は誤差関数と正比例しています。

　誤差関数と異常度のつながりについて、ここでは全データの平均という最も簡単な例で紹介しましたが、本章の後半では、より複雑なモデルを用いて詳しく展開していきます。

③ 異常度閾値の設定

　異常検知における**異常度閾値**の決定はとても重要です。異常度の値が計算できたとしても、異常度は度合いしか表していないので、「このデータは異常か正常か」は判断してくれません。ここで登場するのが異常度の閾値です。異常度が閾値以

下であれば正常であり、閾値を超えた場合は異常として判断されます。

異常度の閾値を決める方法はいくつかありますが、統一した定量的な基準はありません。現場で応用する際には、異常度の閾値を経験的に設けるケースが多々あります。今回は、一般的に使われている手法に絞って解説します。

（a）分位点法

分位点法[35]は、汎用的な閾値設定の手法です。あらゆる異常検知モデルにおいて使用できます。分位点法の基本原理は簡単です。それは、サンプルデータの総数に対して数パーセントの異常率を設けることです。式で表現すると以下となります。

$$分位点（\%）= \frac{異常データ数}{全データ数 N} \tag{5}$$

$$異常データ数 = 全データ数 N \times 分位点 \tag{6}$$

たとえば、データ総数 200 のサンプルがあるとします。200 のデータのなかから、異常な可能性のあるデータを判断したい場合、どうすればよいでしょうか。

こういった場合は、分位点の考えを使うと非常に便利です。たとえば分位点を 3%に設定した場合、異常データ数は式（6）で計算すると 6 になります。200 のデータに対して、各々のデータの異常度 α を式（3）で計算します。そのなかから異常度の大きさ順でデータを 6 個まで取り出せば、その 6 つが異常として判断され、6 つめのデータの値が閾値となります。

これから、ベンチマーク用の Davis データセット（https://davischallenge.org/）を使って、式（3）から得た異常度による異常検知実行例を示します。このデータセットには 200 人分（データの数は 200 個）の性別、身長（実測）、体重、身長（自己申告）の 4 種類のデータが用意されています。今回は、そのなかから体重のデータを使用しました。初回の応用例ですので、入力データの特徴から説明を始めます。

図 2.4 は、体重データのヒストグラムを示しています。ヒストグラムの形から、データの分布と正規分布がどの程度近いかわかります。

図 2.4 には、3 種類のデータ構造を示しています。本節で適用する手法は、図 2.2（a）に示した正規分布を仮定しています。当然、実際のデータは理想的な正規分

布をもつことは不可能です。その際に入手したデータに対してヒストグラム解析と正規分布近似を行い、ヒストグラムの形と正規分布の形を照らし合わせながら、異常検知の手法を選定することを推奨します。

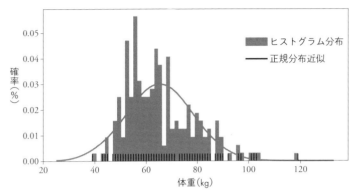

図2.4 Davis体重データのヒストグラムと正規分布を用いたフィッテイング結果

今回の例題で使用している体重データのヒストグラムからわかるように、データ自体はおおむね正規分布となっているので、正規分布を仮定して導出した式(3)を用いた異常度の計算が適用できると判断します。また、異常度の閾値は分位点法を用いて決めます。

図2.5 は、分位点法を用いた異常検知の結果を示しています。左は式(3)で計算した異常度のヒストグラムを、右は散布図を示しています。

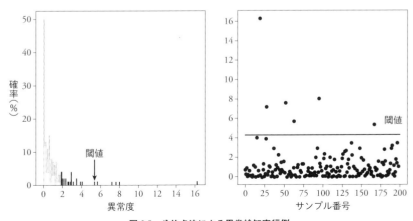

図2.5 分位点法による異常検知実行例

まず、分位点法で全データの 3% が異常データ数の上限であると設定します。異常度の高い順に 6 個のデータを選び、その 6 個が異常であると定義すると、6個めの異常度が閾値となります。閾値はヒストグラム分布（左）の「↓」が指している部分と対応しています。

異常と判断されたデータをリストするためにサンプル番号ごとの異常度をプロットしたものが同図右です。分位点 3% の際の異常度の閾値は $a_{th} = 4.27$ であることが、左側の図から得られます。その閾値が対応している異常度を直線でプロットしています。

リスト 2.1 は、この結果を計算するための Python コードの一部を示しています。ヒストグラム分布の作成は、**seaborn** というライブラリを使うと簡単です。**sns.distplot**（）という関数を使用すれば、正規分布近似とヒストグラム分布を同時に処理することができます。

リスト 2.1　分位点法を用いた異常検知のコード（davis_lv_normal_l.py）

```
12  davis = pd.read_csv('Davis.csv').values
13  x = davis[: ,2:3]
14  # ヒストグラム分布を作る
15  sns.distplot(x, fit = norm, color = 'k', kde = False, bins = 50,rug = True)
16  # 平均ベクトル
17  mx = x.mean(axis = 0)
18  # 中心化データ
19  xc = x - mx
20  # 標本分散ベクトル
21  sx = ( xc.T.dot(xc) / x[:,0].size ).astype(float)
22  # 異常度
23  ap = np.dot(xc, np.linalg.inv(sx)) * xc
    ⋮
26  # 閾値:分位点法
27  th = 4.27
28  plt.scatter(np.arange(ap.size), ap , color = 'b')
29  plt.plot([0,200], [th,th] , color = 'red', linestyle = '-', linewidth = 1)
```

(b) ホテリング法

異常度閾値設定のもう 1 つの手法が、**ホテリング法**[36] です。ホテリング法は、

データが正規分布に従っていることを仮定しており、式 (3) で計算した異常度の計算結果は、データ数が十分に大きければ自由度 1 のカイ 2 乗分布に従うとします。所与の分位点値 γ に基づき、カイ 2 乗分布から、次式によって異常度の閾値が計算されます。

$$1 - \gamma = \int_0^{a_{th}} du \, \chi^2(u \,|\, 1, 1) \tag{7}$$

$$\gamma = 1 - \int_0^{a_{th}} du \, \chi^2(u \,|\, 1, 1) \tag{8}$$

イメージとしては、以下のように理解できます。**図 2.6** は、自由度 1 のカイ 2 乗分布の曲線を示します。

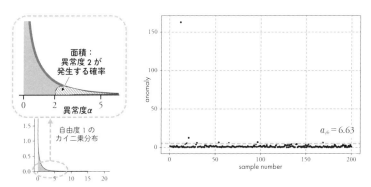

図 2.6　ホテリング法による異常度閾値の設定

　異常度 2.0 が発生する確率は、図 2.5 左上グラフの斜線部分を式 (8) で計算すれば算出できます。逆にいえば、この面積が非常に小さい（たとえば $\gamma = 1\%$）ときの異常度を計算しておけば、その異常度を超えたら異常であるといえます。この異常度の値は a_{th} として定義されます。

　同図右側にあるグラフは、先ほどの Davis データセットに対して、ホテリング理論を用いて評価した結果を示しています。ここでは、分位点 γ を 0.01 にして、異常度の閾値 a_{th} を算出しました。カイ 2 乗分布の計算はいろいろありますが、標準的な分布表に従って、閾値 a_{th} が 6.63 であることは、ただちにわかります。これに従って、200 個データセットに対して計算された $a_{th} = 6.63$ の値から、$a > 6.63$ のデータを異常データとして判断します。

　リスト 2.2 は、この結果を計算するための Python コードの一部を示しています。自由度 1 のカイ 2 乗分布の計算は **SciPy** の統計処理モジュール **scipy.stats**

を使えば簡単に計算することができます。関数は sp.stats.chi2.ppf（1-γ,1）を使用します。分位点 γ を決めれば、それに対応した閾値が自動的に算出されます。

リスト 2.2 ホテリング法を用いた異常検知のコード（davis_1v_normal_2.py）

```
05   import pandas as pd
06   import scipy as sp
⋮
19   # 異常度
20   ap = np.dot(xc, np.linalg.inv(sx)) * xc
21   # 閾値
22   th = sp.stats.chi2.ppf(0.98,1)
23   plt.scatter(np.arange(ap.size), ap , color = 'b')
```

(c) ラベリング法

ラベリング法が適用できる場合は、最初からサンプルデータに正常データと異常データはラベリングされているので、異常データの値を参考にすれば、容易に閾値を決めることができます。ただし、多くの場合は異常データのサンプル数が少ないため、少数のデータで決められた閾値は過剰に評価される恐れがあります。分位点法かホテリング法と併用するのが望ましいといえます。

2 ｜ 多次元正規分布に基づく異常検知

前項では、簡単にするために、1次元正規分布を仮定して計算を行ってきました。しかし現実のデータの多くは多変数であり、分布も多変数正規分布になっていることが多くみられます。

多変数の場合でも、計算の基準と異常の定義、そして異常度の閾値の設定は基本的に同じです。しかし、多変数なので多少の修正が必要になります。ここからは、パラメータが複数ある場合の異常検知を解説していきます。まず、多変数の正規分布の計算式を示します。

$$P(\boldsymbol{x}; \mu, \Sigma) \equiv \frac{1}{2\pi^{\frac{D}{2}}|\Sigma|^{\frac{1}{2}}} \exp\left\{ -\frac{1}{2}(\boldsymbol{x}-\mu)^T \Sigma^{-1}(\boldsymbol{x}-\mu) \right\} \tag{9}$$

1次元（式(2)）と比較するとかなり複雑にみえますが、式(9)を少し近似すると

次のようになります。

$$P(\boldsymbol{x}; \mu, \Sigma) \equiv \exp\left\{-\frac{1}{2}(\boldsymbol{x} - \mu)^T \Sigma^{-1}(\boldsymbol{x} - \mu)\right\} \tag{10}$$

式(10)に基づいて、異常度の定義である式(1)を用いることで、異常度の計算は非常に簡単になります。

$$\alpha = -\ln\left(p(\boldsymbol{x}' \mid D, \theta)\right) = \frac{1}{2}(\boldsymbol{x} - \mu)^T \Sigma^{-1}(\boldsymbol{x} - \mu) \tag{11}$$

式(11)において、Σ は共分散行列であり、多変数正規分布の特徴を表すパラメータです。また、データ点 $\boldsymbol{x}$ は多変数をもっているので、ベクトル表記になります。それに伴って平均 μ もベクトル表記となります。多変数の場合はサンプルの数と変数の数をよく混同するので、まずは 4 変数をもつ 2 つのサンプル点を用いて、それぞれの異常度を計算した結果を示します。サンプルの構造は**図 2.7** のとおりです。

サンプル番号	変数 1(X 軸)	変数 2(Y 軸)	変数 3(Z 軸)	変数 4(T 軸)
S_1	S_1^X	S_1^Y	S_1^Z	S_1^T
S_2	S_2^X	S_2^Y	S_2^Z	S_2^T
⋮	⋮	⋮	⋮	⋮

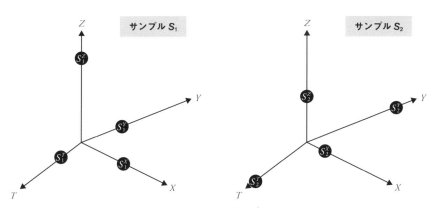

図 2.7　4 変数をもつ 2 つのサンプル点の模式図

ここでは簡単にするため、共分散行列を下記の 3 種類と仮定します。

① 共分散行列 1

$$\Sigma = \begin{pmatrix} 1 & 0 & 0 \\ 0 & \ddots & \vdots \\ 0 & \cdots & 1 \end{pmatrix}_{4 \times 4} \tag{12}$$

共分散行列の対角要素は定数 1 になっているので、次のように表現できます。

$$\Sigma^{-1} = \Sigma = \begin{pmatrix} 1 & 0 & 0 \\ 0 & \ddots & \vdots \\ 0 & \cdots & 1 \end{pmatrix}_{4 \times 4} \tag{13}$$

これによって、サンプル S_1 と S_2 それぞれの異常度を簡単に計算できます。

$$\alpha(\boldsymbol{S}_1) = \{(S_1^X - u^X)^2 + (S_1^Y - u^Y)^2 + \cdots (S_1^T - u^T)^2\} \tag{14}$$

$$\alpha(\boldsymbol{S}_2) = \{(S_2^X - u^X)^2 + (S_2^Y - u^Y)^2 + \cdots (S_2^T - u^T)^2\} \tag{15}$$

② 共分散行列 2

次は、分散が以下のようになっている場合の計算を示します。

$$\Sigma = \begin{pmatrix} a & 0 & 0 \\ 0 & b & \vdots \\ 0 & \cdots & d \end{pmatrix}_{4 \times 4} \tag{16}$$

共分散行列の逆行列は、次のように簡単に計算できます。

$$\Sigma^{-1} = \begin{pmatrix} \dfrac{1}{a} & 0 & 0 \\ 0 & \dfrac{1}{b} & \vdots \\ 0 & \cdots & \dfrac{1}{d} \end{pmatrix}_{4 \times 4} \tag{17}$$

それによって、2 つのサンプルそれぞれの異常度は次のようになります。

$$\alpha(\boldsymbol{S}_1) = \left\{ \frac{\left(\overline{S}_1^X\right)^2}{a} + \frac{\left(\overline{S}_1^Y\right)^2}{b} + \frac{\left(\overline{S}_1^Z\right)^2}{c} + \frac{\left(\overline{S}_1^T\right)^2}{d} \right\} \tag{18}$$

$$\alpha(\boldsymbol{S}_2) = \left\{ \frac{\left(\overline{S}_2^X\right)^2}{a} + \frac{\left(\overline{S}_2^Y\right)^2}{b} + \frac{\left(\overline{S}_2^Z\right)^2}{c} + \frac{\left(\overline{S}_2^T\right)^2}{d} \right\} \tag{19}$$

③ 共分散行列 3

最後に、より現実的な例をみてみましょう。一般的に、以下の構造をもつ共分散行列が多くみられます。

$$\Sigma = \begin{bmatrix} a & \cdots & d \\ \vdots & \ddots & \vdots \\ d & \cdots & m \end{bmatrix}_{4 \times 4} \tag{20}$$

この場合、共分散行列の逆行列を簡単に計算することはできません。数学的な数値ライブラリ **NumPy** や **SciPy** などを使って計算するのが一般的です。

$$\Sigma^{-1} = \begin{pmatrix} a & \cdots & d \\ \vdots & \ddots & \vdots \\ d & \cdots & m \end{pmatrix}_{4 \times 4}^{-1} \tag{21}$$

④ 2変数正規分布の異常検知の例

それでは、さきほどと同様に Davis データセットを使って、2変数正規分布の異常検知を行います。今回選んだ2つの変数は、体重と身長です。**図 2.8** は、2変数のデータをプロットした結果を示しています。

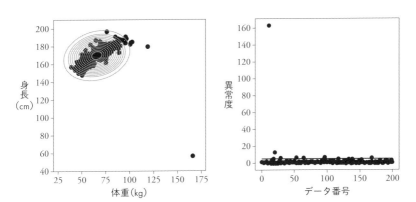

図 2.8　2変数正規分布に対する異常検知

算出した共分散行列 Σ と、それに対応した逆行列 Σ^{-1} は以下のとおりです。

$$\Sigma = \begin{pmatrix} 226 & 34 \\ 34 & 143 \end{pmatrix} \qquad \Sigma^{-1} = \begin{pmatrix} 0.00457 & -0.00109 \\ -0.00109 & 0.00723 \end{pmatrix} \tag{22}$$

左側の図は、2変数のデータの散布図と2変数混合正規分布のフィッティング結果を示しています。左側の図内右下にある大きく外れたデータは、体重166 kg、身長57 cmと記述されています。これは入力のミスによるものと推定できます。このような大きく外れたデータを除けば、データの構造は、図からわかるように2変数の正規分布を近似することができます。それによって、異常度は式(11)で算出できます。

また、2変数なので、異常度は各変数の異常度の総和となっています。今回は式(23)のように、体重と身長におけるそれぞれの異常度の総和となります。

$$\alpha(S) = \left\{ \alpha(S)^{身長} + \alpha(S)^{体重} \right\} \tag{23}$$

異常度の閾値の決めかたは、1次元と同様にカイ2乗分布を使います。$\gamma = 0.02,\ M = 1$の条件下で$a_{th} = 5.41$であることがわかります。その閾値と式(23)で計算した結果を合わせてプロットした結果が、図2.8の右側です。

リスト2.3は、この結果を計算するためのPythonコードの一部を示しています。2変数混合正規分布のフィッティングを行うために、元データから平均と分散行列を取得する必要があります。共分散行列の逆行列は**np.linalg.inv()**を用いて簡単に計算することができます。

リスト2.3　分位点法を用いた2変数データにおける異常検知のコード（davis_2V_normal.py）

```
22   # 2変数meshgridの作成
23   X, Y = np.meshgrid(x, y)
24   # 平均ベクトル
25   mx = d.mean(axis = 0)
26   # 中心化データ
27   xc = d - mx
28   # 標本共分散行列
29   sx = ( xc.T.dot(xc) / d[:,0].size ).astype(float)
30   #  2変数混合正規分布の等高線を描画する
31   f = lambda x, y: scipy.stats.multivariate_normal(mx, sx).pdf([x, y])
32   Z = np.vectorize(f)(X, Y)
33   plt.contour(X, Y, Z,levels = 10,linewidths = 1)
 ⋮
36   # 平均ベクトル
```

```
37   mx = d.mean(axis = 0)
38   # 中心化データ
39   xc = d - mx
40   # 標本共分散行列
41   sx = ( xc.T.dot(xc) / d[:,0].size ).astype(float)
42   # 標本共分散行列の逆行列
43   sx_inv = np.linalg.inv(sx)
44   # 異常度
45   ap = np.dot(xc, np.linalg.inv(sx)) * xc
46   # 各変数における異常度の総和
47   a = ap[:,0] + ap[:,1]
```

3 │ 多変数マハラノビス=タグチ法に基づく異常検知

　前項で紹介した多変数の解析には、1つの問題点が残っています。図2.8にプロットした異常度はすべての変数の総和となっているので、各変数の異常度が解析できていない点です。

　本項で紹介するのは、各変数の効果を解析できる**マハラノビス=タグチ法**です。マハラノビス=タグチ法は前項の内容とほとんど同じですが、異常判定の際に、各変数の異常度を算出します。具体的には、前項の手法で異常と判明したデータセットにおいて、各々の変数の寄与が数値化され、各々の変数の異常度を評価することが可能になります。ここで導入するのは、以下の**タグチ指標**[37]とよばれるものです。

$$SN \equiv 10 \log_{10} \left\{ \frac{1}{N'} \sum_{n=1}^{N'} \frac{a_q(x')}{M_q} \right\} \tag{24}$$

　N' は異常だと判明したデータの数、q は変数の取捨選択パターンを区別する添字、M_q はパターン q における変数の数です。少しわかりにくいパラメータなので、Davis データセットの場合の変数である「体重」と「身長」を用いて説明します。

　体重と身長をセットでみるとき、変数の取捨選択パターンは1通りです。

取捨選択パターン：　体重 身長　　$q=1, \quad M_q=2$

体重と身長を 1 変数ずつみるとき、変数の取捨選択パターンは 2 通りです。

取捨選択パターン： **体重** $q=1, 2$; $M_q=1$

                       身長

ここでは、異常データを 1 つ、そして 1 変数ずつを評価する場合、$N'=1$, $M_q=1$ となります。そのため、式(24)は以下のように簡略化されます。

$$SN = 10 \log_{10} \left\{ \frac{(x' - \mu)^2}{\sigma^2} \right\} \tag{25}$$

少し理解しにくいので、今回も Davis データセットを使って説明します。図 2.8 で異常と判断されたデータ点 20 番を選び、各変数の寄与度を算出します。

算出の結果は、**図 2.9** に示すとおりです。同図には、計算時に使われている各データの値と分散値も示しています。タグチ指標値のグラフをみると、体重は遥かに正の値であり、身長は負の値であることがわかります。

この結果から、20 番のデータが異常と判断された理由には、体重の異常度が最も寄与していることがわかります。実際に元データの値を検証すると、確かに 20 番のデータは、体重の値がほかのデータの値より遥かに大きくなっていることがわかります。この結果は、タグチ指標を解析した結果と一致しています。

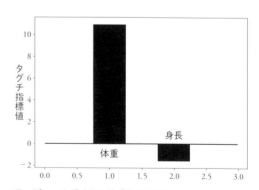

図 2.9　多変数マハラノビス＝タグチ法に基づく異常検知

リスト 2.4 は、この結果を計算する Python コードの一部（式(24)と式(25)の実行方法）を示しています。GitHub にある全コードを実行しながら、マハラノビス＝タグチ法を把握してください。

リスト 2.4 多変数マハラノビス＝タグチ法を用いた異常検知のコード（davis_MT.py）

```
37  # データ中心化
38  mx = d.mean(axis = 0)
39  xc = d - mx
40  # 標本共分散行列
41  sx = ( xc.T.dot(xc) / d[:,0].size ).astype(float)
42  #タグチ指標の計算
43  SN = (xc[20]**2 )/np.diag(sx)
44  SN = SN.astype(np.float64)
45  MT = 10*np.log10(SN)
```

2.3

非正規分布に基づく異常検知

前節では、データを正規分布と仮定した前提で話を進めてきました。しかし現実に存在するデータの多くは、2.1 節の図 2.2 (b) に示したような、正規分布でない構造をもっています。本節では、このような状況における異常検知について説明します。

まずは **k 近傍法** [38] を用いた異常検知を考えましょう。通常の k 近傍法の原理は非常に単純で、正規分布という仮定がなくても、異常度の定義は通常どおりに行えます。

式(3)からわかるように、正規分布のモデルでも、最終的には平均値との距離(すなわち誤差)を用いた異常度を定義しています。データ間の距離は、分布によらず、いつでも計算できる量です。k 近傍法を用いた異常検知には、以下の 2 種類があります。

(1) あるデータを中心とした一定の距離範囲 ε_k 以内に、データ点 k 個が入ることを基準とする方法 (**k 基準法**)
(2) データから k 個の近傍点を決め、その近傍点との距離 ε_k を基準とする方法

少し抽象的でとっつきにくいですが、あとで示す実行例に従って理解すれば意外と簡単です。どちらの手法でも、必要なのは、すべてのデータ点どうしの距離を計算することだけです。また、ほとんどの場合は、計算する距離はユークリッド距離になっているので非常に便利です。

この意味からいうと、1.4 節で説明した t-SNE 手法の一部とかなり重なっています。ただし、単純な k 近傍法は、以下のような問題に応用する際に誤りが起こります。

たとえば、**図 2.10** は、データ構造が密度の高い部分と低い部分に分かれています。単純な k 近傍法では、図の右側はデータ間の距離が大きいので、異常度の閾値に多く寄与します。それによって、左側にあるデータはすべて正常なデータと判断されます。しかし実際は、左側は小さいクラスタになっており、円の中心になっているデータ点は周辺の 3 点とかなり離れています。つまり、本来は左側が異常になる可能性が高いと考えられます。

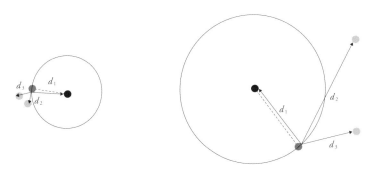

図 2.10　k 近傍法の基本原理とデータ密度の相関関係

このような複雑なデータ構造に対応できるのは、**局所外れ値（LOF）因子法**[39]です。以下はその基本原理を説明します。1.4 節の t-SNE の距離確率を計算する際にも同様な問題があったので、ここでは t-SNE と同じ方法で、密度のばらつきがあるデータの k 近傍法を説明します。

原理は非常に簡単です。**局所異常度**という因子を導入して計算します。論文などにはさまざまな定義がありますが、ここでは t-SNE タイプの局所異常度を導入します。式は以下となります。

$$\alpha = \frac{1}{k} \frac{\sum_{i=1}^{k} |p - q_i|}{\sum_{i=1}^{N} |q_{i,k} - x_i|} \tag{26}$$

データ点 p の k 個近傍点 q_k の距離の平均と、それぞれの近傍点 q_k を中心とした k 個近傍点との距離の平均で割った値が、局所異常度 α となります。

ここでは、1 つの実例を通して、LOF の計算を説明します。**図 2.11** は、Davis データセットの一部を用いて、高密度データと低密度データを 2 種類を作成したものです。

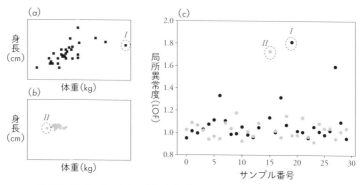

図 2.11　Davis データセット高密度データと低密度データにおける LOF

　左側の 2 種類の分布図において丸で囲まれているデータは、異常になる可能性が高いデータです。(a) に示す低密度のデータは Davis データセットではなく、子どものような体重と身長の割合で作成したものです。ここで「I」と「II」というラベルと、丸で囲まれているデータは異常値として考えられます。

　右側の図には、それぞれのデータにおいて式 (26) を適用しました。同図からわかるように、距離の絶対値が異なる 2 種類のデータセットでも、LOF を応用することで、異常度がおおむね同じ尺度になっています。なお、式 (26) を適用する際には、近傍点の数をハイパーパラメータとして調整する必要があります。この図では、近傍点の数を 10 に調整しました。

　図 2.12 は、図 2.11 の 2 種類のデータを 1 つのデータセットにまとめて、LOF を利用して計算した結果を示しています。図 2.12 は、近傍点の数 k を 10, 15, 20 の 3 種類で計算しました。近傍点の数が変化すると、a とラベリングされているデータの LOF 値は激しく変化しています。それに対して、b とラベリングされているデータの LOF はほとんど変化していません。

　近傍点の数が少ないとき、a とラベリングされているデータの LOF 値が少ない傾向あります。ただし、近傍点の数が 20 まで増えると、15 の場合とほぼ変わらず、LOF 値がほぼ収束していることがわかります。

　なお、このように異常度 α が算出されているため、正規分布を仮定することができません。そのため、閾値の決定に正規分布の仮定を基にしたホテリング法は利用できません。ここでは、通常の分位点法を利用して異常度の閾値を決めます。たとえば、分位点 1% にすれば、図 2.11 のサンプル数は 60 なので、異常サンプル数は 6 個となり、異常度の閾値は図 2.12 で点線が引かれているところが閾値になります。

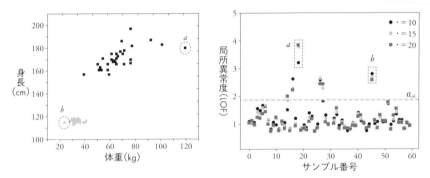

図 2.12　高密度データと低密度データが同時に存在する場合の異常検知

　リスト 2.5 は、図 2.12 の結果を計算する Python コードの一部です。コードの前半は式 (26) の分子を、コードの後半部は式 (26) の分母を計算する内容です。GitHub にある全コードを実行すると、局所外れ値（LOF）を用いた k 近傍法の理解を深めることができるでしょう。

リスト 2.5　局所外れ値（LOF）を用いた k 近傍法の異常検知のコード（kun_LOF.py）

```
30   for s in range(data):
31       distance = []
32       for i in range(data):
33           dxl = dx[i] - dx[s]
34           dyl = dy[i] - dy[s]
35           d2 = (dxl) ** 2 + (dyl) ** 2
36           d2 = d2 ** 0.5
37           distance.append(d2)
38       distance_array = np.array(distance)
39       index_list = sorted(range(len(distance_array)), key = lambda j: distance_
         array[j])
40
41       k = 20
42       distance_array = np.sort(distance_array)
43       for n in range(k) :
44           d = d + distance_array[n]
45       d = d/(k)
46       for m in index_list[1:k + 1]:
```

```
47      p_list   =  [ ]
48      print ('mis',m)
49      for i in range(data):
50        xl = dx[i] - dx[m]
51        yl = dy[i] - dy[m]
52        l2 = (xl) ** 2 + (yl) ** 2
53        p_list.append(l2**0.5)
54      p_list = np.array(p_list)
55      p_li = np.sort(p_list)
56      for n in range(k) :
57        p = p + p_li[n]
58        print ('pis',p)
59    p = p/(k*k)
60    alpha = d/p
61    alpha_list.append(alpha)
62  abnormals = np.array(alpha_list)
```

リスト 2.5 では近傍データ数 k を 20 にしていますが、k を調整しながら図 2.12 右図の内容を検証することを推奨します。

本節では異常度と誤差関数のつながりについて言及しませんでしたが、実際には両者は密につながっています。第 1 章でも言及しましたが、誤差関数は 2 乗関数という形でなくても大丈夫です。たとえば、1.3 節で取り上げた SVM による回帰問題を解く際の誤差関数は、下記のような 1 次絶対値誤差関数を使用しました（1.3 節の式（25）を参照）。

$$L = |\delta| = |\boldsymbol{d} - f(s)| \tag{27}$$

これは、式（26）の分子 $|p - q|$ と同じ形をとっていることがわかります。解釈としては、対象となるデータ p を中心とした場合に、周辺データがどのぐらい中心データ $\boldsymbol{p}$ と違うかを評価します。$\boldsymbol{p}$ と違うということは、$\boldsymbol{p}$ との誤差と理解することができます。その評価指針として、データ p からの距離を用いました。ただし、密度の違いを考慮するために、分母の部分を使って規格化しました。要するに、規格化された誤差関数は、局所外れ値 k 近傍法で使用する異常度と原理的に等価となります。

2.4

高度な特徴抽出による異常検知

前節の k 近傍法による異常検知は、「データ間の距離を特徴として抽出し、異常度を定義している」とみなすことができます。これから紹介するのは、さらに高度な特徴抽出技術を利用した異常検知です。

本節で異常検知に用いるモデル（k 平均法や AE など）は、第 1 章で解説したものです。ここまでの内容よりやや複雑になりますが、「誤差関数≡異常度」という基本的な中心軸からは離れないので、第 1 章で説明した誤差関数をきちんと理解していれば、これから紹介する内容は非常に簡潔明瞭になります。

それでは、第 1 章の内容を用いながら、高度な特徴抽出による異常検知をどのように行うか説明していきましょう。

1 ｜ k 平均法

まずは k 平均法による異常検知を紹介します。手順は以下のとおりです。

◆ STEP 1

すべてのデータを k 平均法でクラスタリングします。**図 2.13** の例では、ある 2 次元のデータを 2 クラスタに分類しています。分類した結果が同図右で、C1 と C2 という 2 つのクラスタに分かれています。

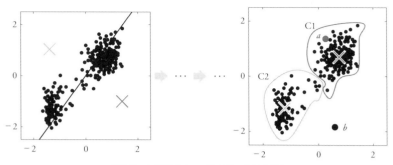

図 2.13　k 平均法と EM 法を用いた異常検知

◆ STEP 2

　C1 と C2 においてマハラノビス距離を算出し、それぞれのクラスタの異常度を定義します。クラスタごとに異常度の定義は異なります。$D \in C1 \, or \, C2$ としたとき、異常度 $\alpha(D)$ は式 (28) のように算出できます。

$$x \in D$$

$$\alpha(D) = \frac{1}{2}(\boldsymbol{x} - \mu)^T \Sigma^{-1}(\boldsymbol{x} - \mu) \tag{28}$$

◆ STEP 3

　異常度が決まったので、分位点法などを用いて、クラスタごとに異常度閾値 $\alpha_{th}(D)$ を決めます。

◆ STEP 4

　具体的なデータについて判断していきます。新しいデータ点、たとえば図 2.13 にデータ点 a と b があるとします。a と b が異常であるかどうか判断するためには、まず a と b がどちらのクラスタに属しているのかを決めます。k 平均法なので、2 つのクラスタの中心点との距離を計算すれば、ただちに判断できます。

◆ STEP 5

　データ点が属しているクラスタにおいて、異常度 $\alpha(D)$ を式 (28) によって算出し、そのクラスタの異常度の閾値 $\alpha_{th}(D)$ を用いて、異常であるかどうか判断します。これで k 平均法による異常検知の手順は終了です。

2 | Expectation-maximization algorithm（EM 法）

EM 法の場合も、手順はほとんど k 平均法と同じです。異なるのは異常度の計算式です。

EM 法は、全データを混合正規確率分布として考慮しています。つまり、k 平均法のように各クラスタそれぞれで計算する必要がありません。統一した異常度 $\alpha(x)$ の計算式が式 (29) です。

$$\alpha(x) = -\ln\left\{\sum_{k=1}^{K} \pi_k N\{x \mid \mu_k, \Sigma_k\}\right\} \tag{29}$$

ここでの $\pi_k,\ \mu_k,\ \Sigma_k$ はそれぞれ、k 番目確率分布の混合率、k 番目確率分布の平均値、k 番目確率分布の分散値です。混合正規分布の計算は、機械学習の専門書の定番の内容です。さらに詳しい内容に関しては、文献 [6] [10] に譲ります。

3 | 主成分分析

主成分分析による異常検知の基本は、今まで説明してきた k 平均法や EM 法などと同じです。また、主成分分析自体の原理は第 1 章で説明しているので、ここでは主成分分析における異常度の定義について紹介します。

主成分分析の次元削減理論が最小 2 乗法に由来していることは、第 1 章で紹介しました。それゆえに、主成分分析の異常度の定義は、これまで紹介してきた正常データの特徴を尺度として定義する異常度とは違うしくみになっています。とはいえ、難しいことではありません。**図 2.14** に示すように、主成分分析に使用した誤差関数そのものが、異常度の定義になっています。

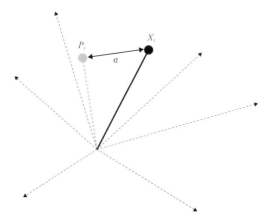

図 2.14　主成分分析の再構成誤差関数を用いた異常検知

◆ STEP 1

　主成分分析の理論の基本は、高次元のデータ X_i を**変換行列** F を用いて低次元に削減し、再び F^T を用いて高次元空間に戻ります。図 2.14 のように、高次元に戻ってきたデータは P_i となっています。

$$P_i = F^T l_i = F^T F X_i \tag{30}$$

　以下のように、P_i ともとのデータ点 X_i の距離 d が最小になるように、最適な F を決めます。

$$min\left\{d = \|F^T F X_i - X_i\|^2\right\} \tag{31}$$

　式 (31) は主成分分析手法を行う際に使用する誤差関数です。また、入力データを再構成しているので、式 (31) はしばしば**再構成誤差関数**とよばれています。この誤差関数は、次のステップの異常度と対応します。

◆ STEP 2

　主成分分析の異常度を定義するには、ここまでが前提条件です。つまり、最適な変換行列 F がすでに求められていると仮定します。第 1 章ですでに導出しましたが、最適な変換行列 F は共分散行列の固有関数行列になっています。この距離 d は**再構成誤差**です。この距離 d をマハラノビス距離と同様に、異常度 $\alpha(X)$ として定義します。式は以下となります。

$$\alpha(X) = \|F^T F X - X\|^2 \tag{32}$$

F は共分散行列の固有関数行列なので、F を用いて、すべてのデータの異常度を算出することができます。

◆ **STEP 3**

異常度が決まったので、分位点法などを用いて、クラスタごとに異常度閾値 $\alpha_{th}(D)$ を決めます。

◆ **STEP 4**

具体的なデータについて判断していきます。新しいデータ点、たとえば新しいデータ点 X_{test} があるとします。X_{test} を式(32)に代入して異常度を計算します。

$$\alpha(X_{test}) = \|F^T F X_{test} - X_{test}\|^2 \tag{33}$$

◆ **STEP 5**

計算された異常度 $\alpha(X_{test})$ を用いて閾値 α_{th} と比較し、異常か正常か判断を下します。

$\alpha(X_{test}) < \alpha_{th}$ 　　正常

$\alpha(X_{test}) > \alpha_{th}$ 　　異常

4 ｜ AutoEncoder（AE）と制約付きボルツマンマシン（RBM）

主成分分析は、1重行列を使用して高次元から低次元まで次元削減を行いました。1重という名前をつけた理由は、使用している変換行列 F の数が1つになっているからです。

変換行列 F の数を1つ以上使用することも当然できます。この場合は多重行列による次元削減になり、数段階に分けて高次元から低次元まで変換していくというイメージです。第1章で紹介したように、このコンセプトに基づいて開発された次元削減手法として、ニューラルネットワーク構造を使用した自己符号化器（AE）と制約付きボルツマンマシン（RBM）があります。基本的な考えかたは主成分分析と同じであるので、異常度の定義も再構成誤差として使用します。**図2.15** はその模式図を示しています。

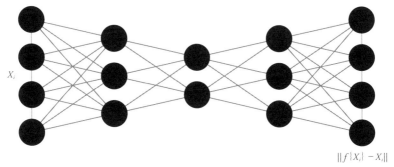

$$\|f(X_i) - X_i\|$$

図 2.15　AutoEncoder（AE）と RBM の再構成誤差関数を用いた異常検知

◆ **STEP 1**

まず、学習データを用いて、ニューラルネットワークを学習させます。学習できたニューラルネットワークを $NN(\mathrm{W}, X)$ とします。

◆ **STEP 2**

STEP 1 によって、異常度 $\alpha(X)$ を式(34)のように算出できます。RBM も基本的に同じなので、詳細記述は割愛します。

$$\alpha(X) = \|NN(\mathrm{W}, X) - X\|^2 \tag{34}$$

◆ **STEP 3**

すべてのサンプルデータにおける異常度が決まったので、分位点法などを用いて異常度閾値 $\alpha_{th}(D)$ を決めます。

◆ **STEP 4**

具体的なデータについて判断していきます。新しいデータ点、たとえば新しいデータ点 X_{test} があるとします。X_{test} を式(35)に代入して異常度を計算します。

$$\alpha(X_{test}) = \|NN(\mathrm{W}, X_{test}) - X_{test}\|^2 \tag{35}$$

◆ **STEP 5**

異常度 $\alpha(X_{test})$ を用いて閾値 α_{th} と比較し、異常か正常か判断を下します。

$\alpha(X_{test}) < \alpha_{th}$　　正常

$\alpha(X_{test}) > \alpha_{th}$　　異常

2.5

関数近似に基づく異常検知

　関数近似による異常検知を紹介します。関数近似手法は、ほとんどが第1章で紹介した典型的な教師あり機械学習の手法です。そのため詳しい原理の説明や計算手順は省略しますが、これらの手法を応用する際に、どのように異常度を定義するかについて詳しく展開します。

　関数近似モデルに基づく異常検知の場合、基本的に、前節の主成分分析やAE、そしてRBMと同様に、誤差関数から直接に異常度を定義します。各手法と誤差関数に関する説明は第1章で行ったので、ここでは異常度とのつながりを集中して述べます。

　機械学習や統計解析の分野においては、誤差関数を用いることで、回帰と分類問題が専門的に定義されています。回帰問題の場合、最小2乗放物線的な誤差関数、分類問題の場合はヒンジ関数などの誤差関数があります。たとえば、最小2乗誤差関数は以下の形となります。

$$L = [d_i - f(x_i)]^2 \tag{36}$$

　$f(x_i)$ は近似関数モデルです。データ点形式に関しては、入力は x_i で出力は d_i であり、(x_i, d_i) というデータ対になっています。機械学習や統計解析の目的は、すべてのデータ点 D に対して、誤差関数 L の総和が最小になるように最適な近似関数モデル $\tilde{f}(x_i)$ を求めることです。

$$D = \{ (x_1, d_1), (x_2, d_2), (x_3, d_3) \dots (x_N, d_N) \} \tag{37}$$

$$\tilde{f}(x_i) \sim argmin_f \left(\sum_{i=1}^{N} [d_i - f(x_i)]^2 \right) \tag{38}$$

　最適な近似関数モデル $\tilde{f}(x_i)$ が求められたら、各データの異常度 α_i の定義は以下となります。

$$\alpha_i = \left[d_i - \tilde{f}(x_i) \right]^2 \tag{39}$$

　ここで、典型的な近似関数モデルの異常度の定義式を導出し、異常検出の基本手順を紹介します。

◆ STEP 1

① 多変数回帰モデル・一般化線形モデル・加法モデル

　統計解析で頻繁に用いられる、多変数回帰モデル・リンク関数を導入した一般化線形モデル・加法モデルは、以下のように記述されます。

$$f(x) = \beta_0 + \beta_1 x_1 + \cdots + \beta_n x_n \tag{40}$$

$$f(x) = g(y) = \beta_0 x_0 + \beta_1 x_1 + \cdots + \beta_n x_n \tag{41}$$

$$f(x) = \beta_0 + \beta_1 f(x_1) + \cdots + \beta_n f(x_n) \tag{42}$$

　これらの手法は、式(38)を使って近似関数モデル $\tilde{f}(x_i)$ を求めます。そして求めた $\tilde{f}(x_i)$ に基づいて、各データの異常度 α_i を算出します。この場合の異常度の式は式(39)と同じになるので、省略します。

② サポートベクトルマシン（SVM）

　サポートベクトルマシン（SVM）による異常検知及び異常度の定義は、次のとおりです。分類問題に関しては、誤差関数が 1.3.4 項の「(a) SVM による分類」で示したものとなります。

$$L = min \left[C \sum_{i=1}^{n} \delta_i + \frac{1}{2} |w_i|^2 \right] \quad s.t. \ \delta_i \geq 1 - m_i, \ \delta_i \geq 0 \tag{43}$$

　ここで、$\delta_i = f(x_i) - d_i \ (\delta_i \geq 0)$、$f(x) = wx + b$ となっています。式(43)を数学的に誤差関数 L が最小になるように、最適な $\tilde{w}$ と $\tilde{b}$ というパラメータを求めます。さらに、最適な $\tilde{w}$ と $\tilde{b}$ を用いて、すべてのデータにおいて次のように異常度を計算します。

$$\alpha_i = \sum_{i=1}^{n} \left\{ (\tilde{w}_i x_i + \tilde{b}_i - d_i) + \frac{1}{2} \left| \tilde{w}_i \right|^2 \right\} \tag{44}$$

回帰問題に関しても同様に、異常度を次のように定義できます。

$$\alpha_i = \sum_{i=1}^{n} max \left\{ 0, \left| \tilde{w}_i\, x_i + \tilde{b}_i - d_i \right| - \varepsilon \right\} + \frac{1}{2} \left| \tilde{w}_i \right|^2 \tag{45}$$

③ ランダムフォレスト

ランダムフォレストの場合は、明確な誤差がないものの、ジニ係数のような分割基準を各弱学習器において最適化すれば、最適化された弱学習器を用いて、各データにおける誤差を計算できます。ここでは、おもに誤差関数が明確に定義されているアダブースティングや勾配ブースティング、そして XG ブースティングの異常度の定義式を示します。

④ AdaBoost

$$\alpha_i = \tilde{w}_i \frac{\left| d_i - \tilde{h}(x_i; a) \right|}{\max \left\{ \left| d_i - \tilde{h}(x_i; a) \right| \right\}} \tag{46}$$

ここでの $\tilde{w}_i$ と $\tilde{h}(x_i; a)$ は、誤差関数が最小化することによって求められた最適なパラメータです。

⑤ 勾配ブースティング・XG ブースティング

$$\alpha_i = \{ d_i - \tilde{F}(X) \}^2 \tag{47}$$

$\tilde{F}(X)$ は、誤差関数が最小化することによって求められた最適な回帰関数です。

このように、関数近似モデルに基づく値異常検知の異常度の算出式を導出しました。

◆ STEP 2

すべてのデータ点に対して異常度 α_i を計算したら、分位点法などを利用して、異常度の閾値 α_{th} は簡単に設定できます。

◆ STEP 3

具体的なデータについて判断していきます。新しいデータ点、たとえば X_{test} があるとします。X_{test} を式 (47) に代入して異常度を計算します。

① 多変数回帰モデル、一般化線形モデル、加法モデル

$$\alpha(X_{test}) = \left[\alpha(X_{test}) - \tilde{f}(X_{test})\right]^2 \tag{48}$$

② サポートベクトルマシン（SVM）

$$\alpha(X_{test}) = \sum_{i=1}^{n} max\left\{0, \left|\tilde{w}_i X_{test} + \tilde{b}_i - d_i\right| - \varepsilon\right\} + \frac{1}{2}\left|\tilde{w}_i\right|^2 \tag{49}$$

③ AdaBoost

$$\alpha(X_{test}) = \tilde{w}_i \frac{\left|d_i - \tilde{h}(X_{test}; a)\right|}{max\left\{\left|d_i - \tilde{h}(X_{test}; a)\right|\right\}} \tag{50}$$

④ 勾配ブースティング手法 /XG ブースティング

$$\alpha(X_{test}) = \{d_i - \tilde{F}(X_{test})\}^2 \tag{51}$$

◆ STEP 4

　　計算された異常度 $\alpha(X_{test})$ を用いて閾値 α_{th} と比較し、異常か正常か判断を下します。

$\alpha(X_{test}) < \alpha_{th}$ 　　正常

$\alpha(X_{test}) > \alpha_{th}$ 　　異常

2.6

異常検知モデルの検証

　ここまで、非時系列データに対するさまざまな異常検知の手法を紹介してきました。そして、上記の分析と展開から、誤差関数と異常検知の異常度の概念は、コインの表裏の関係をもっていることがわかりました。

　第 1 章でも紹介しましたが、機械学習は予測精度の向上を目的としてモデルを構築しています。未知データに対する分類結果が、どの程度の精度をもつかは大変重要です。異常／正常の分類精度を正しく評価することは、正しい異常検知モデルを構築するための欠かせないステップです。

　異常検知モデルに対する精度評価は、原理的に誤差関数の過学習と学習不足を評価することになります。精度評価の考えかたは、機械学習の数理モデルから離れ、抽象的な内容も多く出てくるので、決して簡単に理解できるものではありません。ここでは、具体的な例を通して紹介します。

1 ｜ 混同行列

　まず、モデルの精度を評価するうえで、最も根本的な概念である**混同行列**を紹介します。混同行列とは、機械学習モデルを用いて検証用データを分類したときに、その正常・異常の数を整理する表のことです。

　混同行列の形を、**図 2.16** に示します。

混同行列		予測結果	
		正常	異常
実際結果	実際：正常 ($N^{実}_{正常}=15$)	①正常値を正しく 判定できたサンプル数 $N^{予}_{正\to正}=15$	③モデルの過異常判定 副作用による誤判断 サンプル数 $N^{予}_{正\to異}=0$
	実際：異常 ($N^{実}_{異常}=5$)	④モデルの過正常判定 副作用による誤判断 サンプル数 $N^{予}_{異\to正}=0$	②異常値を正しく 判定できたサンプル数 $N^{予}_{異\to異}=5$

図 2.16　理想的な混同行列

　予測精度の検証を行う際は、「正常と異常」が事前にわかっている検証データセットがあることが大前提です。左側に示した「実際の結果」は、検証データセットの事前にわかっている「正常か異常か」のサンプルを意味しています。太線で囲まれている部分は、異常検知モデルによる予測結果を実際の結果と照らし合わせて分類したもので、2×2の行列となっています。

　この行列の要素は4個あり、この4個の要素は、混同行列を理解するために大事なものです。以下、それぞれリストして説明します。また、説明を進めやすくするために、正常データ15個、異常データ5個の訓練データセットを例として用います。

① 理想的な混同行列
要素①　正常値を正しく予測できたサンプル数

　15個の正常データをすべて正しく予測できた場合、式は以下となります。

$$N^{予}_{正\to正}=15$$

要素②　異常値を正しく予測できたサンプル数

　5個の異常データをすべて正しく予測できた場合、式は以下となります。

$$N^{予}_{異\to異}=5$$

要素③　正常データに対する誤判断サンプル数

15個の正常データをすべて正しく予測できた場合、構築したモデルの過異常判定副作用による誤判断サンプル数は0となり、式は以下となります。

$$N_{\text{正→異}}^{\text{予}}=0$$

要素④　異常データに対する誤判断サンプル数

5個の異常データをすべて正しく予測できた場合、構築したモデルの過正常判定副作用による誤判断サンプル数は0となり、式は以下となります。

$$N_{\text{異→正}}^{\text{予}}=0$$

要素①と②は非常に理解しやすい概念です。要素③と④の説明は、かなりややこしいので、何回か繰り返して読むことをお勧めします。

以上が、理想的な混同行列の例になります。混同行列の理解において、まずこの理想的な形を覚えておくことは、後述する複雑な混同行列を理解するうえでとても役に立ちます。

② 実際の混同行列

理想的な混同行列は、行列の左上と右下の数値が0ではなく、逆対角線上の数値はすべて0になっています。しかし実際の応用問題においては、理想的な混同行列が得られることはほぼありません。**図2.17**は、実際によくみられる混同行列の例です。

図2.17　実際の混同行列

異常検知を実際に行うと、さきほど示したような理想的な結果になることはほ

ぼなく、必ず間違いが生じます。異常検知のような 2 値分類問題では、間違いの種類はおおむね 2 種類に分かれます。

(a) 典型的な間違いの例 1

正常のデータを異常データとして分類してしまいます。それは、混同行列の要素①と③に影響が及びます。

具体的な例を挙げると、図 2.17 に示すように、要素①は理想的な混同行列の 15 個から 11 個に減り、要素③は理想的な混同行列の値の 0 個から 4 個に増えます。

(b) 典型的な間違いの例 2

異常のデータを正常データとして分類してしまいます。それは、混同行列の要素②と④に影響が及びます。具体的な例を挙げると、図 2.17 に示すように、要素②は理想的な混同行列の 0 個から 2 個に増え、要素④は理想的な混同行列の値の 5 個から 3 個に減りました。

結果としては、それほど理解しにくい内容ではないと思いますが、さらに細かく吟味すると少しややこしい表現が出てきます。間違った予測結果が生じるということはなにを意味しているのか、さらに深く追求していきましょう。

本来、正常や異常のデータを間違って分類してしまうというのは、精度の降下を意味します。すなわち、構築したモデルに問題があるということを意味します。構築したモデルが過剰に「異常」を判断した結果、「正常」データまで「異常」データとして分類してしまうのです。

学習モデルのなかで、異常データの予測に関して「過予測」あるいは「過学習」が起きている（要素③の数の増加）と解釈することができます。また同じ原因で、本来の正常データを「正常」として予測できないのは、その学習モデルは正常データの予測能力が足りない「学習不足」である（要素①の数の減少）ことを示唆しています。

同じ説明を異常データに対して適用することもでき、その学習モデルは、正常データの予測に関して「過予測」あるいは「過学習」が起きている（要素④の数の増加）と解釈することができます。また同じ原因で、本来の異常データに対して「異常」として予測できないというのは、その学習モデルは異常データの予測能力が足りない「学習不足」である（要素②の数の減少）ことを示唆しています。

これが図 2.17 に「過学習」と「学習不足」を示した理由です。また、学習モデルにおける過学習と学習不足は、第 1 章で説明した誤差関数の過学習と学習不足のトレードオフの関係性と同一物です。混同行列は予測精度を出力するだけではなく、誤差関数の設計上に欠かせない指針となっています。

③ 精度評価の指標

　混同行列の使いかたはいろいろとあります。図 2.17 のように、行列のまま結果として表示すると、4 つの要素値がすべて可視化されているため、情報の完全性の観点からは利点があります。しかし、この 4 つの値の相互関係をすぐ評価できないという欠点もあります。

　実際に応用する際には、しばしば混同行列を行列のまま出すとともに、さらに以下のように、4 つの要素値①〜④に対して簡単な数学的な処理を施し、予測精度評価の指標として示します。式の後半に示している実際の値が入っているものは、図 2.17 の場合の例です。

(a) 正解率、あるいは精度（accuracy）

　正常と異常を予測したデータのうち、実際にそうであるものの割合。

$$正解率 \left(精度 \right) = \frac{①＋②}{①＋②＋③＋④} \quad \cdots \quad = \frac{13}{20} = 65\%$$

(b) 適合率（precision）

　正常（異常）と予測したデータのうち、実際に正常（異常）であるものの割合。

$$正常適合率 = \frac{①}{①＋④} \quad \cdots \quad = \frac{11}{14} = 79\%$$

$$異常適合率 = \frac{②}{③＋②} \quad \cdots \quad = \frac{2}{6} = 33\%$$

(c) 再現率（recall）、感度（sensitivity）

　実際に正常（異常）であるもののうち、正常（異常）であると予測されたものの割合。

$$正常再現率 = \frac{①}{①＋③} \quad \cdots \quad = \frac{11}{15} = 73\%$$

$$異常再現率 = \frac{②}{④ + ②} \quad \cdots \quad = \frac{2}{5} = 40\%$$

(d) 誤報率（false alarm rate）

実際に正常（異常）であるもののうち、異常（正常）であると予測されたものの割合。

$$正常誤報率 = 1 - 正常再現率 = \frac{③}{① + ③} \quad \cdots \quad = \frac{4}{15} = 27\%$$

$$異常誤報率 = 1 - 異常再現率 = \frac{④}{④ + ②} \quad \cdots \quad = \frac{3}{5} = 60\%$$

(e) F 値（F 尺度、F-measure）

再現率と適合率の調和平均。

$$F = \frac{2 \times 再現率 \times 適合率}{再現率 + 適合率}$$

$$F(正常) = \frac{2 \times 0.73 \times 0.79}{0.73 + 0.79} = 0.76$$

$$F(異常) = \frac{2 \times 0.4 \times 0.33}{0.4 + 0.33} = 0.36$$

　以上、混同行列をはじめとする重要な予測精度の評価尺度について紹介しました。どれも数学的な計算処理は非常に簡単ですが、概念の理解は少しややこしいです。また、どの評価尺度を選ぶかは実際の応用対象となる問題によって選別方法が違います。

　機械学習の分野では一般的に F 値を使うのが基本ですが、異常検知の分野では、実は F 値より ROC 曲線を使うのが一般的です。とても重要な概念なので、次項で詳しく展開します。ただし、内容はさらに抽象的になるので、上記の評価尺度をきちんと理解したうえで着手することをおすすめします。

2 ｜ ROC 曲線

　ROC 曲線 [40] とは、Receiver Operating Characteristic curve を略したものです。ただし異常検知の分野における ROC 曲線の意味は、もともとの英語の意味から離れていることに注意しましょう。ROC 曲線は、混同行列と同じく予測精度を評

価するための 1 つの評価尺度です。詳しい説明の前に、まず異常検知の分野では F 値以外の評価尺度が必要となる理由を説明します。

　前項では、混同行列を用いて 2 値分類問題に対する精度を評価しました。異常検知の分野に関しては、この混同行列が変化する可能性があります。その原因は異常度の閾値に由来しています。

　これまでの説明からわかるように、異常度の計算モデルは多数ありますが、異常度の閾値の決定は分位点法ぐらいしかありません。さらに分位点法の中身も決して決定的ではなく、人間の主観的な要素や経験論的要素を伴うことがほとんどです。要するに、異常度閾値は変動する可能性がかなり高いのです。

　ただし、異常度閾値が変化すると、異常検知モデルを通して推測した「異常」と「正常」の数も変化します。それに伴い、混同行列の 4 要素も変化します。文章だと非常に抽象的なので、具体例を挙げて説明を進めます。

① 異常度閾値の変化と混同行列の変化

　図 2.18 は、正解がわかっている検証データに対して、異常度の閾値の変化により混同行列が変化する結果を示しています。ここでは説明を簡単にするために、異常検知モデルはたとえば、図示しているような線形回帰モデルであるとします。

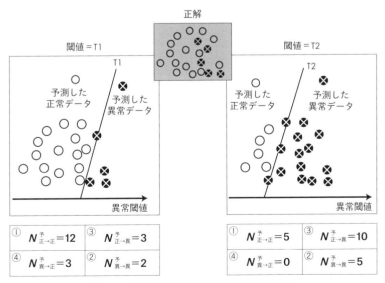

図 2.18　異常度閾値の変動による混同行列の変化

線形分離決定面を左右に平行移動することは、異常度の閾値を変えるのと同等のことです。左側の図は線形分離面がやや右側に寄っていて、異常度閾値 α_{th} が少し高めに設定されていることがわかります。異常度 $\alpha(x) < \alpha_{th}$ の場合は正常、異常度 $\alpha(x) > \alpha_{th}$ の場合は異常という基準に基づくと、高めに設定されている閾値 α_{th} の場合は、異常となるデータが少なくなります。

　それに対して、同図の右側のように線形分離面が左に寄っている場合、つまり異常度閾値 α_{th} が低めに設定されている場合、異常データが多数現れます。

　この例からわかるように、閾値が変わると混同行列は変化します。各グラフの下にあるのは、各分離決定面による分類結果を受けて作成した混同行列です。このように、異常度を変えると混同行列の 4 要素の値が変化します。

　ただし、異常度の閾値は、異常度の最小値 0 から最大値 α_{max} まで連続的に変化させることが可能です。すると、無数の混同行列が現れます。1 つの混同行列においては、さきほど紹介したさまざまな評価尺度（精度、適合率、F 値）を算出できますが、異常度の閾値ごとに現れる違う評価尺度をどのようにまとめるかは悩ましい問題です。

② ROC 曲線の作成

　少し導入が長すぎたかもしれません。この問題の対処法が、これから登場するROC 曲線です。異常検知における ROC 曲線は、次のように作成されます。

　まず、異常度の閾値を変えながら、混同行列の 4 要素から正常誤報率と異常再現率を算出します。次に、閾値の数分の正常誤報率と異常再現率のペアを集計します。最後に集計されたペアに対して、縦軸を異常適合率、横軸を正常誤報率にして 2 次元曲線を作成します。このように作成された曲線を **ROC 曲線**とよびます。

　図 2.19 は、ROC 曲線の作成手順を示しています。検証データは、同図 (a) に示したもので、図中に「×」で示しているものが異常データです。数字番号が付いているデータは正常データです。

　説明を簡単にするために、異常検知モデルは線形分離決定面であると仮定します。異常度の閾値を変えることは、線形分離面を左右に移動することと近似します。以下に ROC 曲線の作成手順を示します。

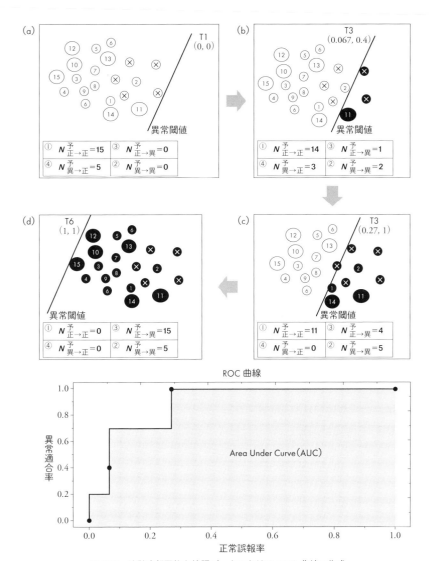

図 2.19　線形分離可能な検証データにおける ROC 曲線の作成

◆ STEP 1　最も高い異常度閾値の設定

　まず、最も高い閾値を設定します（図 2.19(a)）。閾値を超えるデータは存在しないため、すべてのデータは正常だと判断され、混合行列は(a)の下部に示すものになります。すべてのデータが正常と判断されているので、15 個の正常データが「正常」とされるとともに、5 個の異常データも「正常」だと判断

されます。混同行列の4つの要素値がわかったので、正常誤報率は0、異常再現率も0と算出できます。

◆ **STEP 2　やや低い異常度閾値の設定**

　次に、線形分離面が左に移動するように、異常度閾値をやや低めに設定します（同図(b)）。すると異常データが3個現れます。そのなかの2つはもともとの異常データであり、残った1つは、正常データの1つを間違って分類した異常データです。この結果から、同図の下にある混同行列を作成することができます。この混同行列の4つの要素値から、正常誤報率は0.067、異異常再現率の値は0.4と算出できます。

◆ **STEP 3　さらに低い異常度閾値の設定**

　線形分離面をさら左に移動させます（同図(c)）。異常度の閾値がさらに低くなり、異常であると判断されるサンプルの数がさらに増え、異常データが9個現れます。そのなかの5個はもともとの異常データであり、ほかの4個は正常データを間違って「異常」として分類したデータです。この結果から同図の下にある混同行列を作成することができます。正常誤報率は0.27、異常再現率は1です。

◆ **STEP 4　最も低い異常度閾値の設定**

　最後に、異常度閾値を最も低い値とします。すると、すべてのデータは異常データとなります（同図(d)）。対応した混同行列の各要素値は、同図下に示しています。正常誤報率は1、異常再現率も1です。

◆ **STEP 5　正常誤報率と異常再現率ペアのプロット**

　4つの異なる異常度閾値から4つの正常誤報率と異常再現率のペアが算出できたので、この4つのデータをプロットすれば、ROC曲線が得られます（同図下部）。

　なお、ROC曲線の下にある面積（area under curve, **AUC**）を算出して、評価尺度に使用する場合があります。図2.19のROC曲線において、斜線で塗りつぶしている領域がそれにあたります。

③ ROC 曲線による異常検知モデルの検証

　ここまで、ROC 曲線による異常検知モデルの分類精度の評価を説明してきました。同じ手順で、選択した異常検知モデルがそもそも妥当であるかどうか、というモデルの検証も可能です。**図 2.20** は、図 2.19 と異なる検証データセットに対する ROC 曲線の作成過程を示しています。

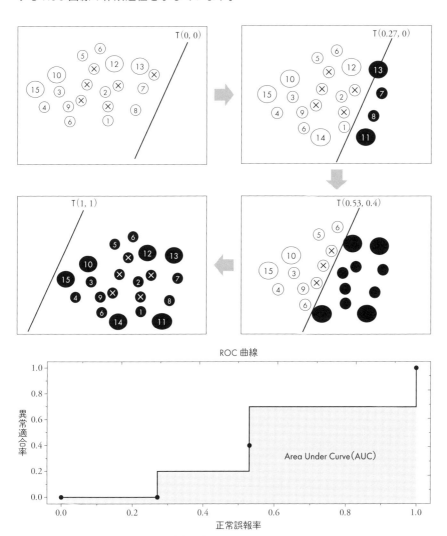

図 2.20　非線形検証データにおける ROC 曲線の作成

図 2.19 の検証データセットを眺めると、全体的に、×が付いている異常データは右側、正常データは左側に位置していることがわかります。この場合、正常と異常を線形分離可能なので、さきほど仮定した線形分離学習モデルは、ある程度の精度を示しています。

　一方、図 2.20 の検証データの構造は、少し異なります。×が付いている異常データはおもに中心付近に分布し、正常データは異常データを囲むような同心円型の分布をもっています。

　ここで、図 2.19 とまったく同じ線形分離決定面モデルを適用してみましょう。図 2.19 と同じように異常度閾値を変えながら、同心円分布型の検証データに対する ROC 曲線を作成します。その結果は、図 2.20 の下段に示しています。

　図 2.20 の ROC 曲線下の面積（AUC）は、図 2.19 の ROC 曲線の AUC よりはるかに小さくなっています。これは、異常データと正常データが同心円型の分布をもつ場合、線形分離学習モデルは予測機能が著しく低下していることを意味しています。つまり、非線形のモデルを用いたほうが、よりよい性能がでることを示唆します。このように、ROC 曲線は、異常検知モデルの検証や選定にも役立ちます。

　最後に、ROC 曲線を作成するための Python コードを示します（**リスト 2.6**）。ここまでの例では、ROC 曲線を理解するために、わざわざ手計算で ROC 曲線を作成してきました。実際は、混同行列から ROC 曲線まで、**scikit-learn** というライブラリを使えば簡単に作成することができます。用意する必要があるのは、検証用データセットと、各々の検証用データに対して算出された異常度だけです。

　図 2.21 は、リスト 2.6 の出力結果です。Dummy データに対して、sklearn で作成した ROC 曲線、sklearn が設定した各異常度の閾値、各閾値の下で算出した異常誤報率、そして異常再現率を示しています。また、AUC の値は 0.7 と算出されています。

```
01  from sklearn import metrics
02  import matplotlib.pyplot as plt
03  from pylab import rcParams
04
05  # 検証用Dummyデータ
06  True_score = [0, 0, 0, 0, 1, 0, 0, 0, 1, 0, 1, 1, 0, 1, 0, 0, 0, 0, 0, 0 ]
07
08  #異常度の計算結果
09  abnormality_score = ( [2.8, 1.2, 6.2, 3.4, 5.2, 1.8, 3, 5, 7.8, 2.9, 1.8, 3.3, 4.1,
10                          6.7, 7.9, 1.1, 2.1, 3.1,3.9,2.8] )
11  false_alarm_rate, recall, thresholds = metrics.roc_curve(True_score,
    abnormality_score)
12  auc = metrics.auc(false_alarm_rate, recall)
13  print(auc)
```

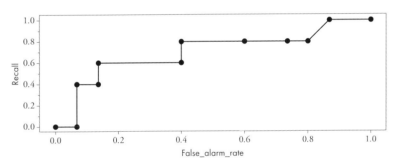

AUC = 0.7

異常誤報率
[0. 0.067 0.067 0.13 0.13 0.4 0.4 0.6 0.73 0.8 0.87 1.]
異常再現率
[0. 0. 0.4 0.4 0.6 0.6 0.8 0.8 0.8 0.8 1. 1.]
異常度の閾値
[8.9 7.9 6.7 6.2 5.2 3.4 3.3 2.9 2.8 2.1 1.8 1.1]

図 2.21　Python で算出した ROC 曲線

第 3 章

時系列データにおける異常検知

　第2章までは、おもに非時系列的なデータに対する異常検知について述べてきました。本章は、時系列的な訓練データから予測モデルを構築する手法について紹介します。

　第1章でも言及したように、非時系列データの場合は、モデルの線形性や非線形性、単変量と多変量によって多少違いがあるものの、機械学習モデルも統計モデルもおおむね解析が得意であることがわかります。それに対して、時系列データの場合は両手法の違いが顕著に現れます。本章では、時系列データの最も重要な概念である「定常性」について、解析手順と結果を用いて説明していきます。

3.1

時系列データの性質

　時系列データ解析において、決して避けて通れない壁の1つがデータの**定常性**です。時系列データ解析に関する書籍のほとんどで、定常性についての説明がされています[41]。それら内容を眺めると、およそ**表3.1**にリストされている専門用語が列挙されています。

表3.1　時系列データの基本概念と解析手法の概略

基本概念	定常性・強定常性・単位根仮定・単位根仮定検定・自己相関・偏自己相関
データの前処理	共和分（非定常→定常への変換）
解析手法	**自己回帰モデル（単変量）**：AR、MA、ARMA、ARIMA、SARIMA
	ベクトル自己回帰型モデル（多変量）：VAR
	状態空間型モデル：カルマンフィルタ、粒子フィルタ
	機械学習（単変量・多変量）：SVR、ランダムフォレスト、NN、LSTM

　統計学に精通していないかぎり、どれもとっつきにくい概念です。定義について簡単に説明してから、例題をとおして具体的に説明を展開していきます。

1 ｜ 時系列データ解析の背景

　まず、背景を説明します。統計解析や機械学習の手法の多くは、データを「同一の確率分布から得られた互いに独立な標本の集まり」とみなしています。言い換えれば「データはある1つの確率分布から、無関係に複数回の標本を抽出したときの、標本の集団」というわけです。この仮定は、しばしば「データは独立同一分布に従う」、あるいは英語の略記でi. i. d.（independent and identically distributed）と表現されます。

非時系列データは、同じ分布から独立して抽出された標本の集まりとみなすことができます。つまり、非時系列データは、「独立同一分布」という仮定が適用しやすい対象です。**図** 3.1 に示すように、データ [x_1, $\bar{y}(x_1)$], [x_2, $\bar{y}(x_2)$]…のような非時系列データは平均値が $\bar{y}(x)$（黒丸）となる同一分布（例では正規分布仮定）から独立サンプリングされていると仮定できます。

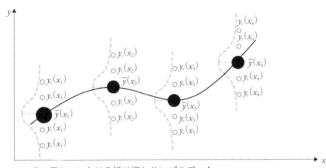

○：同じ x における繰り返しサンプルデータ
● ：サンプルデータの平均
図 3.1　非時系列データにおける独立同一分布の概念図

　独立サンプリングとは、同図に示すように、x を固定して繰り返しサンプリングすることにより、観測値 $y_s(x)$ というサンプルデータ（白丸）を多数作るということです。同じ x におけるサンプルデータ $y_s(x)$ の平均は、図示した各データの観測値平均 $\bar{y}(x)$ になります。

　それに対して、時系列データは「独立同一分布」という仮定を適用することが非常に困難です。理由は以下の 2 つです。

(1) 時系列データは時間依存性をもつため、データの並び順に意味をもちます。データが独立に抽出されたサンプルであるという前提条件に基づく手法には、時間依存の関係を見出すことはできません。
(2) 時系列データは、時間 t を固定して繰り返しサンプルすることはできません。時間は常に前に進み、済んだ時刻に戻ることは不可能です。

　次項で説明する図 3.2 に示す時系列のデータをみると、図 3.2 の非時系列データのように、観測値 $y_s(t)$ を集めることができないことがわかります。時間は常

に前に進んでいるので、時系列データ解析に必要なサンプルデータは、時間の順番に従ってとるしかありません。結論からいうと、時系列データは非時系列データのように「独立同一分布」を適用できないので、時系列データ解析手法における独自の前提条件を立てないといけません。

2 ｜ 時系列データ解析の前提条件

次に、時系列データ解析における前提条件について説明します。基本内容を図 3.2に示します。

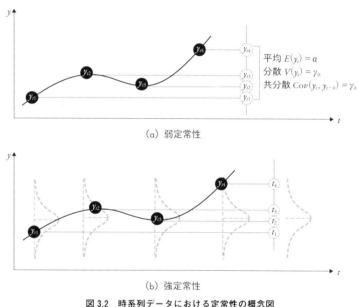

（a）弱定常性

（b）強定常性

図 3.2　時系列データにおける定常性の概念図

時系列データとは、次のような2つの定常条件を解析前提条件と仮定しています。

① 弱定常性
以下3つの条件を満たすとき、時系列データは**弱定常性**をもつと定義します。

(1) 時系列サンプルデータ観測値 $y(t)$ の平均値は以下のように時間に依存せず、平均値は一定あるいは定常であること。

$$E[y(t)] = a \tag{1}$$

$$a = \frac{1}{n} \sum_{i=1}^{n} y(t_i) \tag{2}$$

(2) 時系列サンプル観測値 $y(t)$ の分散は、以下のように時間に依存せず、一定あるいは定常であること。

$$V[y(t)] = E\{[(y(t)-a)][(y(t)-a)]\} = \gamma_0 \tag{3}$$

$$\gamma_0 = \frac{1}{n} \sum_{i=1}^{n} [y(t_i) - a]^2 \tag{4}$$

(3) 時系列サンプル観測値 $y(t)$ と $y(t-h)$ からなる自己共分散は、以下のように時間に依存せず、ラグ h のみに依存すること。

$$V[y(t), y(t-h)] = E\{[(y(t)-a)][(y(t-h)-a)]\} = \gamma_h \tag{5}$$

$$\gamma_h = \frac{1}{n} \sum_{i=h+1}^{n} \{y(t_i) - a\}\{y(t_{i-h}) - a\} \tag{6}$$

② 強定常性

弱定常性では、平均・分散・共分散は、時点 t に依存せずに等しいことが条件となっていました。一方、時系列データ解析においては**強定常性**という前提条件があります。

強定常性は、図 3.2(b) に示すように、任意のデータの観測値 $y(t)$ に対して同一確率分布をもつことが条件となっています。文字どおり、弱定常性よりはるかに強い条件を課しています。同図では、正規分布と仮定した強定常性の場合は、平均・分散・共分散も時間に依存せず、定常であることがわかります。この場合は、強定常性の条件を満たせば、弱定常性も有することになります。ただし、正規分布ではなく、コーシー分布に従う強定常性をもつ時系列データの場合は、弱定常性の条件を満たすことができません[41]。

以上、時系列データ解析において、最も重要な「定常性」について説明しました。しかし、実際の問題において定常性をどのように検証するかという問題がまだ残っています。

通常、定常性の検証は時系列データ解析手法の1つの手順として含まれています。そのため、具体的な検証方法に関する詳細な説明は、以降の解析手法の節に譲ります。ただし、定常性の検証にかかわる手法は数種類あるので、これらの手法を実際に使用する際の条件と使用範囲に関する一般的な情報を本節で提供します。

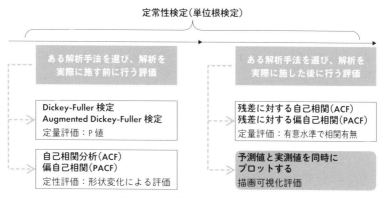

図 3.3　定常性検定のしくみと手順

　図 3.3 は、**定常性検定**の基本フローを示しています。
　定常性検定は、大きく分けて以下の2種類があります。

(1) 解析する前に、サンプルデータに対して直接行う検定。たとえば、Dickey-Fuller（DF）や Augmented Dickey-Fuller（ADF）検定などを用いて、p 値を検証するといった定量的な定常性検証手法があります。また、自己相関や偏自己相関分析を行うことで、定常性を定性的に検証する定常性手法もあります。

(2) 解析したあとに行う検定。たとえば、残差に対する自己相関（ACF）や残差に対する偏自己相関（PACF）があります。これらは解析を実行し、回帰した結果ともとのデータの残差に対して、自己相関や偏自己相関分析を行うことで定常性を評価することができます。

さらに、より普遍的な手法として、予測値とサンプルデータを同時にプロットして、後述する「見せかけの回帰」という現象がどの程度起きているかを検証すれば、元データにおける定常性に対して各モデルが対応できているかどうか推定できます。この予測値とサンプルデータを同時にプロットする方法は、統計モデルから機械学習モデルまで適用できるので、著者の経験上、入力データが複雑な場合、あるいは多変数モデルの場合や定常性の検証が難しい場合などに非常に便利です。

　これから定常性の検証を含めた、時系列データの解析手法を説明していきます。ここで強調したいのは、どの手法に優位性があるかを検証するのが目的ではない、ということです。さまざまな手法を用いて同じ時系列データの解析を行い、その結果がどうなるかという事実を説明します（3.2～3.4節）。そののち、時系列データに対する異常検知について説明します（3.5節）。

3.2

自己回帰型モデルによる時系列データ
の解析

時系列データの解析手法は、統計手法と機械学習手法に分かれて多数あります。第1章で言及しましたが、時系列データについてより系統的に理論解析を行えるのは、統計解析の手法です。統計解析手法の多くは自己回帰型モデルに基づいて構築されているため、まずは、**自己回帰**という概念について説明します。

1 │ 自己回帰とは

最初に注意してほしいのは、時系列データにおける統計手法や学習モデルに使用されている関数のほとんどは、時間 t の関数 $y(t)$ ではなく、時点 t の数ステップ前の観測値 $y(t-i)$ を用いて関数 $y[\,y(t-i)\,]$ を表しているという点です。わかりにくい概念なので、図で説明します。

図 3.4 は、時系列データ解析に頻繁に取り上げられる月ごとの旅客機の乗客者数の予測と回帰用データです。ベンチマークテスト用データなので、**リスト** 3.1 のようなコードで入手や描画ができます。

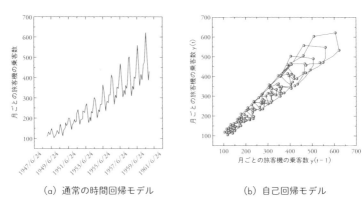

(a) 通常の時間回帰モデル　　　　(b) 自己回帰モデル

図 3.4　月ごとの旅客機の乗客者数の予測と回帰用データ

リスト 3.1　月ごとの飛行機の乗客数データを作成する（AR.py）

```
11   # 月ごとの飛行機の乗客数データ
12   url = "https://www.analyticsvidhya.com/wp-content/uploads/2016/02/
     AirPassengers.csv"
13   stream = requests.get(url).content
14   content = pd.read_csv(io.StringIO(stream.decode('utf-8')),index_col = 'Month',
     parse_dates = True,dtype = 'float')
15   passengers = content['#Passengers'][:120]
16   passengers_plot = content['#Passengers']
17   plt.plot(passengers_plot)
18   plt.show()
```

図 3.4（a）の横軸は、1949 年 1 月〜1960 年 12 月までの合計 144ヶ月を表しています。縦軸は月ごとの飛行機の乗客数を示しています。

これは、私たちが慣れ親しんでいる時系列データのプロットです。データから月ごとの旅客の変動・周期・トレンドを、一目瞭然に確認できます。

もちろん、このようなプロットは、データの理解や内容の確認において非常に重要です。しかし時系列データ解析の場合は、図 3.4（a）のように時間 t を関数とした回帰モデルを使用するのではなく、図 3.4（b）のような非常にとっつきにくいモデルになります。

図 3.4（b）の縦軸は月ごとの飛行機の乗客数、横軸は一ヶ月ずらした月ごとの飛行機の乗客数です。ずらし方には、一ヶ月前にずらすか、一ヶ月後にずらすか、という 2 種類があります。今回のプロットでは一ヶ月前にずらしました。とても大事な概念なので、両者の違いがはっきりわかるように、図 3.4（a）と（b）で実際に使われているデータの一部を**図 3.5** にリストしました。

図 3.4(a)用のデータ一部	
1953/02/01	196
1953/03/01	236
1953/04/01	235
1953/05/01	229
1953/06/01	243

図 3.4(b)用のデータ一部	
236	196
235	236
229	235
243	229
264	243

　　（a）通常の回帰用データ　　　　　　（b）自己回帰用データ

図 3.5　時系列データにおける回帰用データ

図 3.4(b) は、時系列回帰の中心テーマである自己回帰の原型です。図 3.4(a) のほうがはるかに理解しやすいのですが、時系列データの解析手法を把握するためには、図 3.4(b) のようなデータ構造に慣れないと前には進めません。

ここから、時系列データの自己回帰型解析の説明に進みます。自己回帰型モデルはさまざまな種類のモデルが開発されていますが、ここでは、統計学上最もよく使われる AR モデル、MA モデル、ARMA モデルを紹介します。また、ARIMA モデルと SARIMA モデルについても簡単に触れます。

2 ｜ AR（自己回帰）モデルの原理

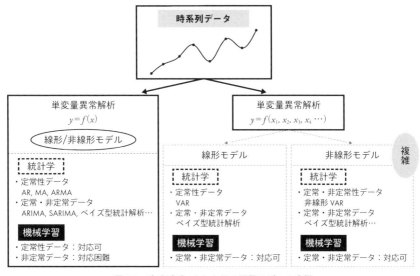

図 3.6　時系列データにおける回帰モデルの分類

時系列データの解析には、統計解析の手法が長く使われています。統計解析のなかでも、とくに**自己回帰モデル**（autoregressive model, 以後 **AR モデル**）とその関連手法は、理論的かつ厳密に構築されています。

たとえば金融工学においては、株価の変動予測、収益率の予測、金融派生商品の価格変動予測などの分野で自己回帰モデルが広く研究され、実効果も確認されています。

ここでは、自己回帰モデルを異常検知に応用できるかどうかの可能性について検証します。3.4 節に登場する機械学習の関数回帰モデルと比較しながら理解していくのがおすすめです。

　自己回帰モデルとは、時系列データの時間軸に対して回帰モデルを構築することです。ただし、第 1 章で紹介した回帰モデルと自己回帰モデルは違います。**図3.6** は時系列データにおける回帰モデルの分類を整理したものです。

　一般的に、時系列データにおける回帰モデルは、時間軸を基準にして、**同時刻回帰モデル**と**前時刻回帰モデル**に大別されます。同時刻回帰モデルとは、同時刻を用いた回帰モデルのことで、同時刻の説明変数を使って当時刻（現在）の目的変数を回帰するモデルです。

　一方、前時刻回帰モデルとは、前の時刻を用いた回帰モデルのことで、すなわち前の時刻の説明変数を使って当時刻（現在）の目的変数を回帰するモデルです。ちなみに第 1 章で紹介した回帰モデルは、時系列データの観点から分類すると、同時刻回帰モデルに分類されます。式で表現すると下記のようになります。

$$y = f(x) \quad \Rightarrow \quad \tilde{s}_t = f(t) \quad ex: \tilde{s}_t = sin(t) \tag{7}$$

　$\tilde{s}_t$ は、ある時刻 t におけるサンプル値です。式 (7) は見慣れた式ですね。一方、本項で説明する時系列自己回帰モデルは、前時刻回帰モデルに分類されます。定義式は、式 (8) のとおりです。

$$s_t = f(s_{t-1}, s_{t-2}, s_{t-3} ....) \qquad ex: s_t = as_{t-1} + bs_{t-2} + cs_{t-3} + d + \varepsilon_t \tag{8}$$

　ε_t は、分散 σ^2 に従うホワイトノイズ $(0, \sigma^2)$ です。式 (8) からわかるように、AR モデルの時刻 t におけるサンプル値は、時刻 t の前の時刻 $t-1$ のサンプル値 s_{t-1} や、時刻 $t-2$ におけるサンプル値 s_{t-2} などにより計算できます。同一変数 s において違う時刻の値を使った回帰モデルを構築しているため、自己回帰モデルとよばれています。

　式 (8) は、最も簡単な線形の自己回帰モデルの例です。サンプル値 s_t については、3.5 節で説明する時間窓の理論を用いてベクトル化することもできます。その場合、式 (8) は式 (9) の形に変形されます。

$$\tilde{X}_t = f(X_{t-1}, X_{t-2}, X_{t-3} ....) \qquad ex: \tilde{X}_t = aX_{t-1} + bX_{t-2} + cX_{t-3} + d \tag{9}$$

この場合の X_{t-1} は、時間窓 4 を例にすると、式 (10) の形をもつことになります。

$$X_{t-1} = \begin{pmatrix} s_{t-1} \\ s_t \\ s_{t+1} \\ s_{t+2} \end{pmatrix} \tag{10}$$

また、式 (8) において、時系列データ s_t が弱定常性をもつと仮定すると、時系列データの期待値は、式 (11) のように一定の値になります。

$$E(s_t) = \mu \tag{11}$$

式 (11) を踏まえて式 (8) の期待値演算を行うと、以下のようになります。わかりやすく説明するため、s_{t-1} のみに依存する AR(1) について考えます。

$$E(s_t) = aE(s_{t-1}) + E(\varepsilon_t) + E(d) \tag{12}$$

$$\mu = a\mu + 0 + d \tag{13}$$

$$\mu = \frac{d}{1-a} \tag{14}$$

$|a| < 1$ という条件が満たされていれば、時系列の確率変数列が定常性を満たすことになります。また、統計学分野では、AR モデルの出力は **AR 過程** とよばれることがあります。AR 過程が $|a| < 1$ という条件を満していれば、**定常過程** とよびます。また、AR モデルは基本的に定常性のあるデータにしか適用できないので、AR モデルを応用する前に、必ずデータの **定常性検定** を行う必要があります。定常性検証は、**ADF 検定**（Augmented Dickey-Fuller test）により行えます。

それでは、AR を用いた時系列データ解析の Python コードを実行して、上記の内容を確認しましょう。取り上げる例題は、前述した月ごとの飛行機の乗客数の問題です。次の手順で実行していきます。

　自己回帰型モデルの実行に際し、Python には **statsmodels** というツールがあります。時系列データ解析に必要なモジュールのほとんどがそろっているので非常に便利です。

　リスト 3.2 は、ADF 検定と、**自己相関**（Autocorrelation, **ACF**）、**偏自己相関**（Partial Autocorrelation, **PACF**）の分析を行います。自己相関では、データ $y(t)$ とラグ h のデータ $y(t-h)$ の間のすべてのデータを介して相関を計算しています。一方、偏自己相関では、データ $y(t)$ とラグ h のデータ $y(t-h)$ の 2 つのデータの相関のみを計算しています。相関解析なので、データ同士の相関を評価することができます。ただし、評価自体は自明なので詳しい説明は省略します。ここで取り上げているのは、自己相関分析と偏自己相関分析を用いた定常性の評価です。

リスト 3.2　ADF 検定と自己相関、偏自己相関分析（ADF.py）

```
25  result = sm.tsa.stattools.adfuller(passengers)
26  print('ADF Statistic: %f' % result[0])
27  print('p-value: %f' % result[1])
28  print('Critical Values:')
29  for key, value in result[4].items():
30  print('\t%s: %.3f' % (key, value))
31  sm.graphics.tsa.plot_acf(passengers, lags = 35)
32  sm.graphics.tsa.plot_pacf(passengers, lags = 35)
33  plt.show()
```

　ADF 検定の結果は、以下に示すとおりです。p 値が非常に大きいので、サンプルデータは非定常性をもつことが示唆されます。さらに、ADF 統計− 0.773461 はすべての臨界値（Critical Values）より大きいので、非定常性であることを示唆しています。

```
ADF Statistic: -0.773461    p-value: 0.826794
Critical Values:        1%: -3.494    5%: -2.889    10%: -2.582
```

　定常性の検証は、サンプルデータに自己相関分析や偏自己相関分析を行うことで、ある程度は定性的に評価することができます。定性評価なので、まず定常性

第
3
章

時系列データにおける異常検知

があり参考になるベンチマークテストデータの自己相関と、偏自己相関の分析結果が必要です。通常は定常性を有する**正規乱数ノイズ（ホワイトノイズ）**を使用します。**図** 3.7 は、その結果を示しています。

図 3.7 の結果を踏まえて、通常、次の経験則が得られます。

・データが定常でないときは、時系列の相関係数の減衰が非常に遅くなります。場合によっては直線になる傾向があります。
・データが定常のときは、時系列の相関係数が指数的に減衰します。場合によっては sin カーブを描きながら減衰していく傾向があります。

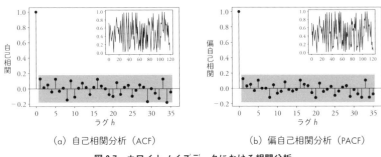

（a）自己相関分析（ACF）　　　（b）偏自己相関分析（PACF）

図 3.7　ホワイトノイズデータにおける相関分析

ホワイトノイズデータの結果は、おおむね上記の経験則に従います。ただし、あくまでも経験則です。定性的な評価しかできないことを念頭において応用しましょう。

図 3.8 は、月ごとの飛行機の乗客数データの自己相関分析と偏自己相関分析の結果を示しています。図中に灰色で示した部分は、95％信頼空間を示しています。

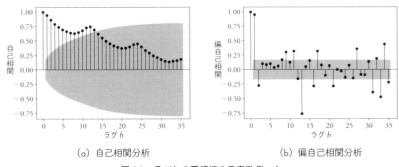

（a）自己相関分析　　　　　　（b）偏自己相関分析

図 3.8　月ごとの飛行機の乗客数データ

同図からわかるように、ラグ 14 までは自己相関係数が有意です。また、偏自己相関係数からラグ 1 に大きな正の相関があり、ラグ 13 で大きな負の相関があることがわかります。つまり、先月の乗客数が多ければ今月も多くなる傾向を示すことになります。このように正の相関、負の相関、そして傾向の有無情報を抽出することが、自己相関分析と偏自己相関分析の本来の役割です。

自己相関分析と偏自己相関分析を用いて、定常性の定性評価もできます。図 3.8 の自己相関係数がラグ h の増加につれ減衰するようすは、図 3.7 の定常性のホワイトノイズの結果とかなり異なる傾向を示していることがわかります。この結果から、もとのサンプルデータは非定常性を有することを示唆しています。

◆ STEP 2 残差に対する自己相関分析、偏自己相関分析

STEP 1 では、サンプルデータに対して、直接的に定常性検証を行いました。STEP 2 では、AR 手法を用いてデータ解析を行い、予測値と実測値の残差に対して定常性を検証します。

AR モデルでは、過去のデータを使って、どの程度回帰するかを最初に決める必要があります。つまり、モデルの選定が必要です。AR モデルの選定には、statsmodels を利用することができます（**リスト 3.3**）。

リスト 3.3 AR モデルの選定（AR.py）

```
31   ar = sm.tsa.AR(passengers)
32   print ('the order of arma is', ar.select_order(maxlag = 6, ic = 'aic'))
33   AR = ARMA(passengers, order =(5, 0)).fit(dist = False)
```

ここでは、3.5 節にて後述する **AIC** という基準を使ってモデルを選定しました。最大数を「6」と設定し、最適な次数（過去のデータ数）5 が推奨されました。以下に、AR(5) を使った自己回帰の結果を説明します。

AR モデルの選定により、AR(5) で回帰することが決まりました。AR(5) による回帰と残差の相関や定常性の検定は、**リスト 3.4** に示すコードから実行できます。

```
35   resid = AR.resid
36   fig = plt.figure(figsize =(5,8))
37   ax1 = fig.add_subplot(211)
38   fig = sm.graphics.tsa.plot_acf(resid, lags = 40, ax = ax1)
39   ax2 = fig.add_subplot(212)
40   fig = sm.graphics.tsa.plot_pacf(resid, lags = 40, ax = ax2)
```

図 3.9 は、リスト 3.4 を実行した結果を示しています。残差のデータどうしは、また相関が残っています。

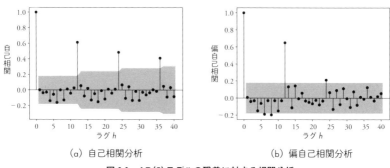

(a) 自己相関分析　　　　　　　　　(b) 偏自己相関分析

図 3.9　AR(5) モデルの残差に対する相関分析

AR 回帰条件として、ε_t は分散 σ^2 に従うホワイトノイズ $(0, \sigma^2)$ になるのが理想です。つまり、残差の自己相関と偏自己相関は、図 3.7 と類似した結果が出るのが望ましいといえます。しかし、非定常性のデータにそのまま AR モデルを適用すると、相関が残差に表れます。逆にいうと、残差に相関が残っているということは、解析手法が元データに残っている非定常性を処理できていないことを示唆しています。

◆ STEP 3　AR 解析を実行し予測値と実測値を同時プロット

定常性の最後の検証手順として、自己回帰モデルによる予測値と実測値を同時にプロットし、「見せかけの回帰」がどれくらい表れているかを検証します。コードを**リスト 3.5** に示します。

リスト 3.5　AR モデルによる予測（AR.py）

```
43  pred = AR.predict('1955-01-01', '1958-12-01')
 ⋮
50  pred = AR.predict('1958-01-01', '1965-12-01')
```

　自己回帰モデルによる予測には、学習データの範囲内で行う予測と学習データ
の範囲外で行う予測の 2 つの種類があり、前者を **In-sample 法**（In-sample 予測）、
後者を **Out-of-sample 法**（Out-of-sample 予測）ともよびます。**図 3.10** に、両者
の結果を示します。

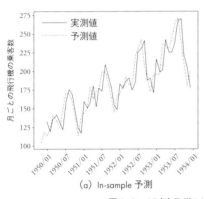
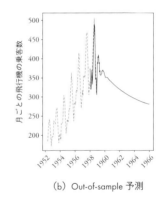

（a）In-sample 予測　　　　　　　（b）Out-of-sample 予測

図 3.10　AR(5) モデルによる予測結果

　図 3.10（a）は、In-sample 予測と実測値の結果です。予測値は実測値より、ある
一定の時間スパンで右にずれていることがわかります。予測値はおおむね実測値
の結果をそのまま写しているようにみえるのですが、これが、いわゆる時系列回
帰において有名な**見せかけの回帰**の一例です。本例では予測値が実測値の結果を
そのまま写しているようすを強調するため、わざと横軸の範囲を狭くしています。
　時系列データ回帰では、一般にデータ数が数千から数万まで及ぶため、大きな
レンジで両方のデータをプロットしたとしても、わずかな平行移動はまったく察
知できません。この例題のように、非定常性のデータにうまく対応できていない
モデルを使うと、図 3.10（a）のような回帰結果となります。十分注意して解析を
行うことをおすすめします。

一方、図 3.10(b) は Out-of-sample 予測を行った結果です。元データのトレンドを学習できず、長期の予測が機能していないことがわかります。その理由もまた、図 3.10(a) の結果と連動しています。要するに、もともと非定常性のデータに適応できない回帰モデルなので、当然うまく予測ができないのです。

以上、AR モデルを用いて時系列データの定常性を検証しながら、自己回帰モデルの適用性や予測機能などについて分析しました。本例は非定常性を有する状況で、回帰モデルを適用した場合の結果を示すことが目的でした。当然、回帰モデルを適用する前に、定常性をもたないサンプルデータを、定常性をもつサンプルデータに変換することもできます。それが表 3.1 に示したデータの**共和分**という前処理です。

この例題の非定常性のおもな原因は、図 3.4 に示す、時間とともに乗客者数が増えていくというトレンドです。このトレンドが存在しているため、時系列データの平均値がどうしても一定になりません。共和分を施すと、そのトレンドは微分の効果で除去されることになります。これによって非定常のデータが定常データに変換されます。このデータに対して AR モデルを適用すると、異なる結果になることが期待できます。興味のある方は**リスト 3.6** のコードのように、元データのトレンドを除去してから上述した AR 回帰を検証してください。

リスト 3.6　共和分による非定常から定常への変換（AR.py）

```
18    passengers = np.diff(np.log(passengers))
```

3 ｜ MA（移動平均）モデルの原理

続けて、時系列データにおけるもう 1 つの基本解析手法である、**移動平均モデル**（moving average model, 以後 **MA モデル**）を紹介します。MA モデルは、ある時点の出力 $\tilde{s}_t$ が過去や現在のホワイトノイズ ε_t の線形総和として表されます。式で表現すると以下となります。

$$s_t = \theta_1 \varepsilon_{t-1} + d + \varepsilon_t \tag{15}$$

この式は、1 次の **MA 過程**を表しています。すなわち、s_t は 1 ステップ前のホ

ワイトノイズ ε_{t-1} だけに関連性があります。d は定数です。AR モデルはわかりやすいのですが、MA モデルは直感的な理解が少々難しいモデルです。ざっくりしたイメージを伝えるために、1 つの例を通して説明します。

図 3.11 は、データを 3 個ずつ計算した移動平均の結果を表しています。もともとの時系列のデータは、周期的に 0 を中心として ±5 で振動している時系列の移動平均をとった、平らな直線になります。移動平均は時系列の周期性を取り除き、そのトレンドだけを表す役割を果たすことができます。ここでは詳しく展開しませんが、トレンド除去は時系列データの解析に欠かせない重要な手順です。

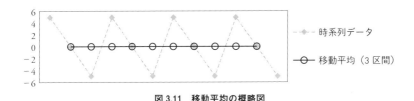

図 3.11　移動平均の概略図

移動平均の期待値は、次のとおりです。

$$E(s_t) = \theta_1 E(\varepsilon_{t-1}) + d + E(\varepsilon_t) \tag{16}$$

$$E(s_t) = 0 + d + 0 = d \tag{17}$$

ε_t はホワイトノイズなので、$E(\varepsilon_t)=0$ という性質を利用しました。AR モデルにおける AR 過程は、$|a|<1$ という条件が満たされていれば、定常過程を満たします。一方、MA 過程は定常過程ですべてのデータに対して定常性を求めるため、AR モデルと同様に定常性検証を行う必要があります。

それでは、MA モデルを用いた時系列データ解析の Python コードを実行して、上記の内容を確認しましょう。取り上げる例題は、先ほどの月ごとの飛行機の乗客数の問題です。

◆ STEP 1　サンプルデータに対する ADF 検定と自己相関分析、偏自己相関分析

MA モデルでデータ解析を行う際には、AR モデルと同様に、Python の statsmodels を使います。サンプルデータは AR モデルの例題と同じものを使うため、ADF 検定と自己相関分析、偏自己相関分析により、サンプルデータが非定常性を有する結論となります。

◆ STEP 2　残差に対する自己相関分析、偏自己相関分析

　STEP 1 では、サンプルデータに定常性検証を直接行いました。STEP 2 では、MA 手法を用いてデータ解析を行い、予測値と実測値の残差に対して定常性を検証します。

　まず、過去のデータの誤差を使ってどの程度回帰するかを決めます。つまり、MA モデルの選定を行います。AR モデルの選定には statsmodels を利用できましたが、MA モデルは直接選定できません。代替案として**リスト 3.7** を示します。後述する ARMA モデルの選定モジュールに、AR モデルの次数を 0 にして MA の最大次数を指定すれば、MA モデルを選定することができます。ただし、あくまでも代替案なので、最適な次数になる保証はないことに留意してください。

リスト 3.7　MA モデルの選定（MA.py）

```
29  MA_order = sm.tsa.arma_order_select_ic(passengers, max_ar = 0, max_ma =
    4, ic =['aic','bic'])
30  print ('order is', MA_order)
```

　サンプルデータの偏自己相関係数 PACF（図 3.8（b））から、サンプルデータは 1 つ前のデータに強い相関をもっていることがわかります。MA モデルの次数を「1」にして、回帰と残差の相関や定常性の検定を行いました。**リスト 3.8** にコード、**図 3.12** に実行結果を示します。

リスト 3.8　MA モデルによる回帰と残差検定（MA.py）

```
32  MA = sm.tsa.ARMA(passengers, order =(0, 1)).fit()
33  resid = MA.resid
34  fig = plt.figure(figsize =(5,8))
35  ax1 = fig.add_subplot(211)
36  fig = sm.graphics.tsa.plot_acf(resid, lags = 40, ax = ax1)
37  ax2 = fig.add_subplot(212)
38  fig = sm.graphics.tsa.plot_pacf(resid, lags = 40, ax = ax2)
```

158

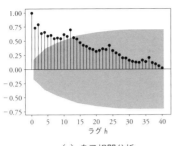
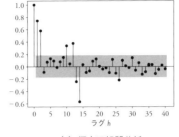

(a) 自己相関分析　　　　　　　　(b) 偏自己相関分析

図3.12　MA(1) モデルの残差に対する相関分析

　同図からわかるように、残差のデータどうしは、まだ相関が残っています。こ
れは前項でも説明したように、MA回帰条件は定常性を満たす必要があるため、
非定常性のデータにそのままMAモデルを適用すると、相関がもった残差が表れ
ます。残差に相関が残っているということは、元データに残っている非定常性を
きちんと処理できていないことを示唆しています。

◆ STEP 3　AR解析を実行し予測値と実測値を同時プロット

　定常性の最後の検証手順として、MAモデルによる予測値と実測値を同時プ
ロットし、見せかけの回帰がどの程度表れているか検証します。予測は、学習デー
タの範囲内で行うIn-sample予測と、学習データの範囲外で行うOut-of-sample
予測の2種類を行います。**リスト3.9**にコードを、**図3.13**に結果を示します。

リスト3.9　MAモデルによる予測（MA.py）

```
41　pred = MA.predict('1955-01-01', '1958-12-01')
　⋮
48　pred = MA.predict('1958-01-01', '1965-12-01')
```

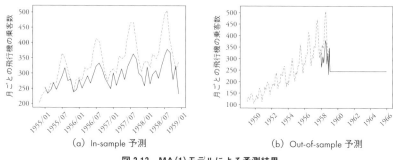

(a) In-sample 予測　　　　　　　　　(b) Out-of-sample 予測

図 3.13　MA(1) モデルによる予測結果

　図 3.13(a) は、In-sample 予測と実測値についての結果です。予測値は実測値より、ある決まった時間スパンで右にずれていることがわかります。これも見せかけの回帰です。

　一方、同図(b) は Out-of-sample 予測を行った結果です。元データのトレンドを学習できず、長期の予測が機能していないことがわかります。その理由もまた、同図(a) の結果と連動しています。もともと非定常性のデータに適応できないモデルなので、当然、予測がうまくいかないのです。

4 ｜ ARMA（自己回帰移動平均）モデルの原理

　AR モデルと MA モデルの説明を終えたところで、**ARMA モデル** (autoregressive moving average model) について説明します。ARMA モデルは 2 手法の融合で、定義式は以下のように簡単に記述できます。

$$s_t = \varepsilon_t + \sum_{i=1}^{p} \varphi_i s_{t-i} + \sum_{i=1}^{q} \theta_i \varepsilon_{t-i} \tag{18}$$

　ARMA モデルも、すべてのデータに対して定常性を求めているので、AR モデルや MA モデルと同様に定常性検証を行う必要があります。

　ARMA モデルには、事前に決めなければいけないハイパーパラメータは (p, q) の 2 つがありますが、まずは ARMA モデルを用いた時系列データ解析の Python コードを実行して、上記の内容を確認しましょう。例題はこれまでと同様、月ごとの飛行機の乗客数の問題です。

サンプルデータは AR モデルの解析と同じものであるため、ADF 検定と自己相関分析、偏自己相関分析により、サンプルデータが非定常性を有する結論となります。

◆ STEP 2　残差に対する自己相関分析、偏自己相関分析

続いて、ARMA モデルを用いてデータ解析を行い、予測値と実測値の残差に対して定常性を検証します。まず、過去のデータの誤差を使ってどの程度回帰するかを決める、つまり ARMA モデルの選定を行います。ARMA モデルの選定、つまりパラメータの決定に statsmodels を利用できます。**リスト 3.10** にコードを示します。

リスト 3.10　ARMA モデルの選定（ARMA.py）

```
33   ARMA = sm.tsa.arma_order_select_ic(passengers, max_ar = 4, max_ma = 4, ic
     =['aic','bic'])
```

実行すると、'aic' と 'bic' ともに (3, 3) という次数が推奨されました。この次数に従って、次の解析を進めます。

ARMA (3, 3) モデルを用いて、回帰と残差の相関や定常性の検定を行います。コードを**リスト** 3.11 に、実行結果を**図** 3.14 に示します。

リスト 3.11　ARMA (3, 3) モデルによる回帰と残差検定（ARMA.py）

```
34   ARMA = sm.tsa.ARMA(passengers, order =(3, 3)).fit()
35   resid = ARMA.resid
36   fig = plt.figure(figsize =(5,8))
37   ax1 = fig.add_subplot(211)
38   fig = sm.graphics.tsa.plot_acf(resid, lags = 40, ax = ax1)
39   ax2 = fig.add_subplot(212)
40   fig = sm.graphics.tsa.plot_pacf(resid, lags = 40, ax = ax2)
```

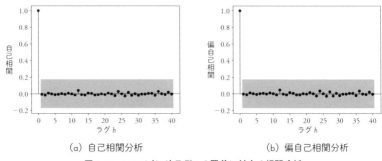

（a）自己相関分析　　　　　　　　　（b）偏自己相関分析

図 3.14　ARMA（3, 3）モデルの残差に対する相関分析

　図 3.14 からわかるように、残差のデータどうしの相関は、AR モデルや MA モデルの結果とかなり異なります。同図の自己相関分析と偏自己相関分析の結果は、図 3.7 のホワイトノイズデータにおける相関分析結果とほぼ同じになっています。つまり、ARMA モデルを用いたデータ解析には、相関がなく、ほぼホワイトノイズになっているといえます。残差に相関が残っていないということは、解析手法は元データに残っている非定常性をきちんと処理できていることを示唆しています。

◆ STEP 3　ARMA 解析を実行し予測値と実測値を同時プロット

　最後に、ARMA モデルによる予測値と実測値を同時プロットし、見せかけの回帰を検証します。In-sample 予測と Out-of-sample 予測の 2 種類の予測を行います。リスト 3.12 にコードを、図 3.15 に実行結果を示します。

リスト 3.12　ARMA モデルによる予測（ARMA.py）

```
42   pred = ARMA.predict('1955-01-01', '1958-12-01')
43   # pred = ARMA.predict('1958-01-01', '1965-12-01')
```

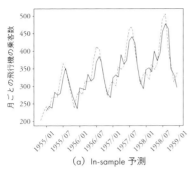
(a) In-sample 予測

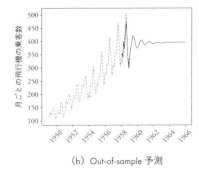
(b) Out-of-sample 予測

図 3.15　ARMA(3, 3) モデルによる予測結果

　図 3.15(a) は In-sample 予測と実測値の結果を示しています。予測値は実測値より、ある決まった時間スパンで右にずれていることがわかります。この傾向はAR モデルや MA モデルの解析結果と同じような傾向であり、見せかけの回帰が起きていることがわかります。

　一方、同図 (b) は Out-of-sample 予測を行った結果です。元データのトレンドを学習できず、長期の予測が機能していないことがわかります。この理由も、同図 (a) の結果と連動しています。ARMA 回帰モデルはもともと非定常性のデータには適用できないため、うまく予測できていないということです。

　ここで、注意すべき点があります。図 3.14 に示した残差の検定では、ARMA モデルはサンプルデータの非定常性に一見対応できるように見えました。しかし、最後の予測値と実測値のようすを眺めると、やはり対応できていないことがわかります。このことから、定常性の検定は、実測値と予測値を同時にプロットし、わずかなずれを確認することが重要であることがわかります。

5 ｜ARIMA（自己回帰和分移動平均）モデルの原理

　ここまでの結果からわかるように、非定常性のあるデータに、そのままいろいろな種類の自己回帰型モデルを適用しても、回帰と予測はうまくいきません。それに対する対策の 1 つとして、データに前処理を施し非定常性から定常性へとデータを変換する手法があります。

　さきほど軽く触れたように、非定常性をもつデータを微分すれば、定常性をもつデータに変換できます。この前処理を施してから、AR モデルや MA モデル、そ

して ARMA モデルを実行すれば、回帰予測がうまくいくことが期待できます。

別の方法として、ARIMA という手法があります。**ARIMA モデル**（auto regressive integrated moving average model）は、和分過程の差分をとることで定常過程に変換することができるので、それを ARMA モデルにそのまま適用します。以下に式を示します。

$$\Delta^d s_t = \varepsilon_t + \sum_{i=1}^{p} \varphi_i \, \Delta^d s_{t-i} + \sum_{i=1}^{q} \theta_i \, \Delta^d \varepsilon_{t-i} \tag{19}$$

$d=1$ の場合　$\Delta^1 s_t = s_t - s_{t-1}$

$d=2$ の場合　$\Delta^1 s_t = s_t - s_{t-1} - (s_{t-1} - s_{t-2}) = s_t - 2s_{t-1} + s_{t-2}$ $\tag{20}$

…

ARIMA モデルにおいて、事前に決めなければいけないハイパーパラメータは (p, q, d) の 3 つがありますが、まずは ARIMA モデルを用いた時系列データ解析の Python コードを実行してみます。例題は、これまで同様に月ごとの飛行機の乗客数の問題です。

◆ **STEP 1　サンプルデータに対する ADF 検定と自己相関、偏自己相関分析**

サンプルデータは AR モデルの解析と同じものであるため、ADF 検定と自己相関分析、偏自己相関分析により、サンプルデータが非定常性を有する結論となります。

◆ **STEP 2 残差に対する自己相関分析、偏自己相関分析**

続いて、ARIMA 手法を用いてデータ解析を行い、予測値と実測値の残差に対して定常性を検証します。まずはパラメータの値 (p, d, q) を事前に決める、つまり ARIMA モデルの選定が必要です。ARIMA モデルの選定に対応できる statsmodels のツールはありませんが、さまざまな代替案があります。

（1）**Grid Search 法**（総当たり法）は、それぞれのパラメータを整数 1 の間隔で変化させ、AIC あるいは BIC の値を出力します。その中で一番小さな AIC 値をもつ組み合わせを最終 (p, q, d) として選びます。

（2）ARMA モデルの選定には対応する statsmodels ツールがあるため、サンプル

データを微分してから、ARMA モデルの (p, q) を最適化することができます。最適化された (p, q) を用いて、通常の 1 回微分か 2 回微分で定常性変換を行うので、$d = 1$ or $d = 2$ を試して、解析を行います。

今回は 2 つめの方法によって (p, q) は $(3, 2)$ となったので、$d = 1$ で組み合わせて ARIMA の解析を行います。

ARIMA $(3, 2, 1)$ モデルを用いて、回帰と残差の相関や定常性の検定を行います。**リスト** 3.13 にコードを、**図** 3.16 に実行結果を示します。

リスト 3.13　ARIMA モデルによる回帰と残差検定（ARIMA.py）

```
25   ARIMA = ARIMA(passengers, order =(3, 2, 1)).fit(dist = False)
26   resid = ARIMA.resid
27   fig = plt.figure(figsize =(6,9))
28   ax1 = fig.add_subplot(211)
29   fig = sm.graphics.tsa.plot_acf(resid.values.squeeze(), lags = 40, ax = ax1)
30   ax2 = fig.add_subplot(212)
31   fig = sm.graphics.tsa.plot_pacf(resid, lags = 40, ax = ax2)
```

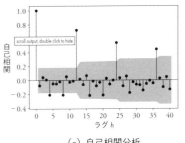
（a）自己相関分析

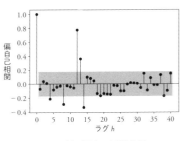
（b）偏自己相関分析

図 3.16　ARIMA $(3, 2, 1)$ モデルの残差に対する相関分析

図 3.16 からわかるように、残差のデータどうしは、やはり相関が残っています。さらに、相関にラグ 12 をもった周期が表れています。これは、ARIMA $(3, 2, 1)$ モデルが元データに残っている非定常性、とくに 12 ヶ月という周期性をきちんと処理できていないことを示唆しています。

　定常性の最後の検証手順として、ARIMA（3, 2, 1）モデルによる予測値と実測値を同時プロットし、見せかけの回帰を検証します。In-sample 予測と Out-of-sample 予測の 2 種類の予測を行います。**リスト 3.14** にコードを、**図 3.17** に実行結果を示します。

リスト 3.14　ARIMA モデルによる予測（ARIMA.py）

```
35   pred = ARIMA.predict('1955-01-01', '1958-12-01',typ = 'levels')
 ⋮
42   pred = ARIMA.predict('1958-01-01', '1965-12-01',typ = 'levels')
```

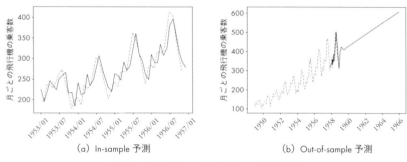

(a) In-sample 予測　　　　　　　　　(b) Out-of-sample 予測

図 3.17　ARIMA（3, 2, 1）モデルによる予測結果

　図 3.17（a）は、In-sample 予測と実測値の結果です。予測値は実測値より、ある決まった時間スパンで右にずれていることがわかります。この結果は AR モデル、MA モデル、ARMA の解析結果と同じような傾向であり、見せかけの回帰が起きていることがわかります。ただし、見せかけの回帰現象以外に、実測値の間に小さいピークが増えているので、なんらかの特徴は掴んでいるようにみえます。

　同図（b）は、Out-of-sample 予測を行った結果です。これまで紹介したすべての手法と違い、ARIMA は元データのトレンドを学習できるようになっていることがわかります。これは、元データの非定常性にある程度対応できたことのしるしです。ただし、Out-of-sample 予測は直線になり、元データにある季節的に変動する特徴はまだ予測できていません。これは、残差検定時に図 3.16 に現れた、12ヶ月の周期に起因しているとも考えられます。

6 │ SARIMA（季節性自己回帰和分移動平均）モデルの原理

ARIMA の解析結果から、非定常性のあるデータに対しても、ある程度は対応できるようになりました。しかし、季節的な周期変動の特徴は予測できていません。この季節変動を考慮して開発された ARIMA モデルが **SARIMA モデル**（seasonal ARIMA model）です。

SARIMA モデルの計算式と導出は、文献[42]に譲ります。実際に応用する際には、ARIMA モデルの (p, q, d) というパラメータのほかに、(sp, sq, sd) と (s) という 4 つのパラメータを事前に決める必要があるのですが、その方法は後述します。まずは SARIMA モデルを用いた時系列データ解析の Python コードを実行して、上記の内容を確認しましょう。例題は月ごとの飛行機の乗客数の問題です。

◆ **STEP 1　サンプルデータに対する ADF 検定と自己相関分析、偏自己相関分析**

サンプルデータは AR モデルの解析と同じものであるため、ADF 検定と自己相関分析、偏自己相関分析により、サンプルデータが非定常性を有する結論となります。

◆ **STEP 2　残差に対する自己相関分析、偏自己相関分析**

SARIMA 手法を用いてデータ解析を行い、予測値と実測値の残差に対して定常性を検証します。SARIMA モデルでは、(p, d, q, sp, sq, sd, s) というパラメータの値を事前に決める必要があります。ただし ARIMA と同様、SARIMA モデルの選定に対応できる statsmodels のツールはありません。代替案として、次の 2 つの方法があります。

(1) Grid Search 法は、それぞれのパラメータを整数 1 の間隔で変化させ、AIC あるいは BIC の値を出力します。その中で一番小さな AIC 値をもつ組み合わせを最終 (p, d, q, sp, sq, sd, s) として選びます。

(2) ARIMA モデルで選んだ (p, d, q) をもとに、(sp, sq, sd, s) を試しながら解析を行います。これまでの ACF と PACF から、季節周期が 12 であることがわかっているので、$s = 12$ とします。(sp, sq, sd) は $(1, 1, 1)$ から試します。

選定した SARIMA(3, 1, 2, 1, 1, 1, 12) モデルを用いて、回帰と残差の相関や定常性の検定を行います。**リスト 3.15** にコード、**図 3.18** に実行結果を示します。

リスト 3.15 SARIMA モデルによる回帰と残差検定（SARIMA.py）

```
26   SARIMA = sm.tsa.SARIMAX(passengers, order =(3,1,2), seasonal_order =(0,1,1,
     12),
27      enforce_stationarity = False, enforce_invertibility = False).fit()
28   residSARIMA = SARIMA.resid
29   fig = plt.figure(figsize =(6,8))
30   ax1 = fig.add_subplot(211)
31   fig = sm.graphics.tsa.plot_acf(residSARIMA, lags = 40, ax = ax1)
32   ax2 = fig.add_subplot(212)
33   fig = sm.graphics.tsa.plot_pacf(residSARIMA, lags = 40, ax = ax2)
```

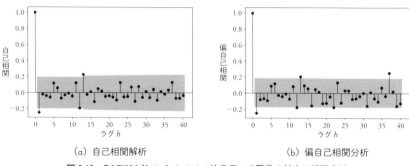

(a) 自己相関解析   (b) 偏自己相関分析

図 3.18　SARIMA(3, 1, 2, 1, 1, 1, 12) モデルの残差の対する相関分析

残差のデータどうしの相関は、ほとんど残っていません。この結果は、SARIMA(3, 1, 2, 1, 1, 1, 12) モデルは、元データに残っている非定常性をきちんと処理できていることを示唆しています。

◆ **STEP 3　SARIMA(3, 1, 2, 1, 1, 1, 12) モデルを解析し予測値と実測値を同時プロット**

最後に、SARIMA(3, 1, 2, 1, 1, 1, 12) モデルによって予測値と実測値を同時プロットし、見せかけの回帰を検証します。In-sample 予測と Out-of-sample 予測の 2 種類を行います。**リスト 3.16** にコードを、**図 3.19** に実行結果を示します。

```
35   pred = SARIMA.predict('1955-01-01', '1958-12-01',typ = 'levels')
⋮
41   pred = SARIMA.predict('1958-01-01', '1965-12-01',typ = 'levels')
```

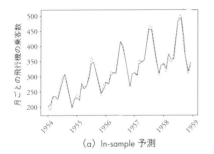

(a) In-sample 予測

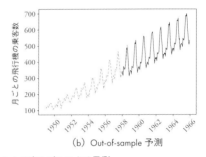

(b) Out-of-sample 予測

図3.19　SARIMA(3, 1, 2, 1, 1, 1, 12)モデルによる予測

図3.19(a)は、In-sample予測と実測値の結果です。予測値は実測値とほぼ一致していることがわかります。この傾向から、これまでARモデル、MAモデル、ARMAモデル、そしてARIMAモデルの解析結果で現れた見せかけの回帰現象が起きていないことがわかります。つまり、SARIMAモデルこそ、ようやく月ごとの飛行機の乗客数問題に対して、「真の回帰」ができたことを示唆しています。

同図(b)は、Out-of-sample予測を行った結果です。これまで紹介したすべての手法と完全に違い、SARIMAモデルは元データのトレンドを学習できているとともに、元データにあった季節的に変動する特徴もきちんとつかめていることがわかります。

以上、自己回帰型の時系列データ解析の諸手法について説明しました。とくに、非定常性をもつデータに対して各手法の解析後の残差分析や、予測値と実測値の同時プロットなどを行い、各手法の非定常性に対する適応性について考察しました。どんなモデルでも事前に決めなければいけない次数というハイパーパラメータがあるため、それらの値の設定に注意しながら練習することをおすすめします。

3.3

状態空間モデルによる
時系列データの解析

1 ｜ 自己回帰型モデルとの違い

　前節で紹介した自己回帰型のモデルは、観測値を直接モデルし、最小2乗法などの手法で回帰パラメータを算出していました。そして算出された回帰パラメータを用いて、In-sample 予測や Out-of-sample 予測を行いました。

　たとえば、AR（1）モデルを用いて、月ごとの飛行機の乗客数問題に対して statsmodel で次の解析を行います。

$$\widetilde{X}_t = aX_{t-1} + d \tag{21}$$

すると、回帰した結果は次のようになります。

$$a = 0.95 \quad d = 240.13$$

　このような回帰手法は、非時系列データにおいても同様に行えます。この場合、時間という概念がないので、下記のように普段から馴染みある線形回帰モデルなどを用いて回帰を行うことができます。

$$y = ax + d \tag{22}$$

　第1章で紹介した統計分析や機械学習による回帰問題の定式は、前記の線形回帰モデルから拡張されたモデルに過ぎません。ここまで説明した内容は、**図 3.20** のように簡単にまとめることができます。

　このような回帰モデルは、定常性の対処が非常に重要です。それに対して、これから紹介する**状態空間モデル**による時系列回帰手法は、定常や非定常のデータを問わず解析することができます[38]。ただし、概念が非常に複雑かつ抽象的になるので、難解な点がしばしば出てきます。できるかぎり平易に説明しますが、難しい場合は、本節を飛ばしても構いません。

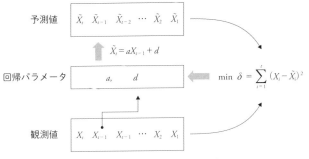

$$\tilde{X}_t = aX_{t-1} + d$$

$$\min \delta = \sum_{i=1}^{t} (X_i - \tilde{X}_i)^2$$

図 3.20 自己回帰モデルの学習アルゴリズムのしくみ

2 │ 状態空間モデル学習の前提条件

　状態空間モデルの原点は、ベイズ型統計理論にあります。ベイズ理論について
ある程度の馴染みがないと、状態空間モデルの概念はどうしても抽象的となり、
難解になります。本書ではベイズ理論の導出や状態空間モデルに必要な統計知識
についての説明はあえて避け、ベイズ理論を状態空間モデル解析に応用した結果
を用いて説明することを試みました。詳しい理論に関しては、文献[42][43]の参
照を推奨します。また、状態空間モデルの解析は、自己回帰型解析モデルと同様、
Python に対応できるツールがそろっています。手法のしくみと原理の概念図を
ある程度理解したところで、Python コードの実行例を練習して、当手法を習得す
る方法を推奨します。

　状態空間モデルの理解において、まず注意してほしい点があります。それは、
自己回帰モデルの回帰パラメータ a と d は、状態空間モデルにおいてハイパーパ
ラメータになっているという点です。もちろん、パラメータ推定などの手法を用
いてハイパーパラメータの最適化を行ってもいいのですが、基本的には解析を行
う前に適宜、値を指定します。この大前提のもとで、時系列データにおける状態
空間モデル解析を行います（なお、非時系列データにおいても、まったく同様の
説明になります）。

3 │ 状態空間モデルの概要

　状態空間モデルは、これまで同様に観測値と実測値の概念を使用します。自己

回帰型モデルとの最大の違いは、回帰式の構成です。自己回帰モデルにおける時刻 t の予測値は、回帰パラメータ a, d と時刻 $t-1$ の観測値 X_{t-1} を使って1つの回帰モデルを構築し、回帰パラメータを学習しました。それに対して状態空間モデルは、1つの自己回帰モデルを2つのモデルに分解します。

$$\widetilde{X}_t = f(X_{t-1}) = aX_{t-1} + d \tag{23}$$

$$\delta_t = (X_t - \widetilde{X}_t) \tag{24}$$

① 状態値予測モデル

$$\hat{x}_{\bar{t}} = f\left(\hat{x}_{t-1}\right) \qquad 例：\hat{x}_{\bar{t}} = a\hat{x}_{t-1} + d + g\epsilon_t \quad \epsilon_t \sim N(0, \tau^2) \tag{25}$$

② 観測値予測モデル

$$x_t = f\left(\hat{x}_{\bar{t}}\right) \qquad 例：x_t = \hat{x}_{\bar{t}} + w_t \quad w_t \sim N(0, \rho^2) \tag{26}$$

ここで、状態予測値 $\hat{x}_{\bar{t}}$ と $\hat{x}_{t-1}$ の符号が違うことに留意しましょう。$\hat{x}_{\bar{t}}$ にオーバーラインが付いている理由は、あとで説明するフィルタリングする前の状態予測値だからです。$\hat{x}_{t-1}$ はすでにフィルタリングされた状態予測値なので、オーバーラインが付いていません。真の観測値はこれまでどおり、x_t や x_{t-1} という表現を使います。

状態空間モデルと自己回帰型モデルの大きな違いは、状態空間モデルの式(25)に使用されている $\hat{x}_{\bar{t}}$ と $\hat{x}_{t-1}$ という新しい変数を導入した点です。この変数を使って観測値を計算するモデルである②に代入して、$f\left(\hat{x}_{\bar{t}}\right)$ が計算されます。この観測値 x_t は、自己回帰型モデルに使用されている x_t と同じ位置づけだと考えられます。

ここで簡単な例として、状態予測モデルに a, d を用いた線形回帰モデル $= a\hat{x}_{t-1} + d + g\epsilon_t,$ を採用します。観測予測モデルは状態空間と同一であると仮定し、$x_t = \hat{x}_{\bar{t}} + w_t,$ という線形恒等回帰モデルを採用します。ここでの ϵ_t と w_t は、分散が τ^2 と ρ^2 を改定したホワイトノイズ $\epsilon_t \sim N(0, \tau^2)$、$w_t \sim N(0, \rho^2)$ です。

③ 誤差の算出

状態空間モデルは、自己回帰型モデルと同様に、以下の誤差をとることができます。

$$\hat{x_t} = a\hat{x}_{t-1} + d + g\epsilon_t \quad \rightarrow \quad \delta_t = \left(x_t - \hat{x_t} \right) \tag{27}$$

自己回帰型モデルにおいて、この誤差はパラメータ a, d, g の学習に最小2乗誤差として使われました。しかし、状態空間モデルに使用しているパラメータ a, d, g は、必ず学習する必要がありません。事前にある値に指定し固定値として使われています。

ただし、a, d, g を更新しなければ、誤差 δ_t がどんどん「乱暴」になってしまわないか、という大きな疑問が浮上します。この問題を解消するために、式(25)にある a, d, g ではなく、$\hat{x}_{t-1}$ に注意を払い、「a, d, g が固定した条件のもとで、いかに $\hat{x}_{t-1}$ の値の予測精度を上げるか」というしくみを取り入れています。このしくみは誤差 δ_t を積極的に利用したもので、しばしば**フィルタリング**とよばれます。

④ フィルタリング

第1章でも紹介しましたが、誤差関数はバイアスとバリアンスのトレードオフ性があるため、誤差 δ_t をどのような形でフィルタリングモデルに応用すべきか厳密に考慮しないといけません。これが状態空間モデルの最も肝心なところです。

状態空間モデルは、後述する**カルマンゲイン** k というパラメータを導入することで、誤差の扱いに起因するバイアスとバリアンスのトレードオフ性に見事に対応しています。

状態空間モデルにおけるフィルタリング手法は、状態値予測ステップで得られた $\hat{x_t}$ に対して、観測情報 x_t をもとに修正を加えるプロセスです。どのように修正するかは、カルマンゲインの役割です。**図3.21** は、確率モデルを用いて、そのしくみを直感的に理解できるプロセスを示しています。

多変数確率モデルを用いると、ベクトル表記や行列から説明する必要があり理解しにくくなるため、1変数ガウス分布を仮定して説明を進めます。この条件であれば、カルマンゲインは簡単に定義できます。

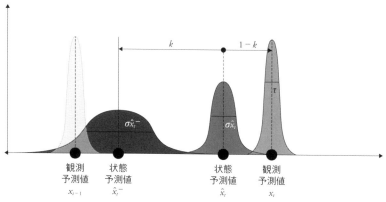

図 3.21　1 次元ガウスモデルにおけるカルマンゲインの模式図

　カルマンゲインは、高校の数学で学ぶ内分点を使って、観測値と予測値を修正するしくみとみなすことができます。以下に式を示します。ただし、時系列的逐次修正を行っているため、カルマンゲインは時間依存となります。そのため表記は k_t を使用します。

$$\hat{x}_t = (1 - k_t)\,\hat{x}_t^- + k_t \cdot x_t \tag{28}$$

式(28)をさらに変形します。

$$\hat{x}_t = \hat{x}_t^- + k_t(\,x_t - \hat{x}_t^-) \tag{29}$$

式(27)を式(29)に代入すれば、$\hat{x}_t$ は以下のように計算されます。

$$\hat{x}_t = [a\,\hat{x}_{t-1} + d] + k_t \cdot \left(x_t - [a\,\hat{x}_{t-1} + d] \right) \tag{30}$$

　カルマンゲインを用いて、状態予測値 $\hat{x}_t^-$ をフィルタリングする式を導出しました。あとは上の式にあるカルマンゲインをどう計算するかです。カルマンゲインは、図 3.21 の内分点の原理のもとで、次のように定義されます。

$$k_t = \frac{\sigma^2_{\text{状態値予測値}\,x_t^-}}{\sigma^2_{\text{状態値予測値}\,x_t^-} + \sigma^2_{\text{観測値予測値}\,x_t}} = \frac{\sigma^2_{x_t^-}}{\sigma^2_{x_t^-} + \sigma^2_{x_t}} \tag{31}$$

　状態値予測モデルと観測値予測モデル、それぞれの予測不確定性を表す分散（σ^2）の割合を表しているのがカルマンゲイン k_t です。式(31)は、逐次ベイズモデルを使って理論的に導出することができます。ここでは、1 次元ガウス分布と仮

定した場合のカルマンゲインの解析のプロセスについて、具体的な計算式を用いて説明します。

図 3.21 で仮定した、以下の状態予測モデルと観測値予測モデルを用います。

状態値予測モデル： $\hat{x}_t^- = a\hat{x}_{t-1} + d + g\epsilon_t \quad \epsilon_t \sim N(0, \tau^2)$

観測値予測モデル： $x_t = \hat{x}_t^- + w_t \quad w_t \sim N(0, \rho^2)$

すると、観測値に固有の測定不確定性に起因する測定分散は、以下のように定義されています。

$$\sigma^2{}_{[x_t - \hat{x}_t^-]} = \rho^2 \tag{32}$$

また、状態予測モデルの分散は、次のように計算できます [42]。

$$\sigma^2{}_{\hat{x}_t^-} = a^2\sigma^2{}_{\hat{x}_{t-1}} + g^2\tau^2 \tag{33}$$

ここでの τ と ρ は、事前に指定する値です。以上の結果から、カルマンゲインは次のように表現できます。

$$k_t = \frac{a^2\sigma^2{}_{\hat{x}_{t-1}} + g^2\tau^2}{(a^2\sigma^2{}_{\hat{x}_{t-1}} + g^2\tau^2) + \rho^2} \tag{34}$$

カルマンゲインが算出されたので、フィルタリングする式 (30) に代入します。

$$\hat{x}_t = [a\hat{x}_{t-1} + d] + k_t \cdot \left(x_t - [a\hat{x}_{t-1} + d] \right) \tag{35}$$

状態予測値 $\hat{x}_t^-$ が $\hat{x}_t$ にフィルタリングされました。それに伴って、状態予測値 $\hat{x}_t^-$ の分散 $\sigma^2{}_{\hat{x}_t^-}$ も、以下のようにフィルタリングされます。

$$\frac{1}{\sigma^2{}_{\hat{x}_t}} = \frac{1}{\sigma^2{}_{\hat{x}_t^-}} + \frac{1}{\sigma^2{}_{x_t}} = \frac{\sigma^2{}_{\hat{x}_t^-} + \sigma^2{}_{x_t}}{\sigma^2{}_{x_t}\sigma^2{}_{\hat{x}_t^-}} \tag{36}$$

$$\sigma^2{}_{\hat{x}_t} = \frac{\sigma^2{}_{x_t}}{\sigma^2{}_{\hat{x}_t^-} + \sigma^2{}_{x_t}}\sigma^2{}_{\hat{x}_t^-} = (1 - k_t)\sigma^2{}_{\hat{x}_t^-} \tag{37}$$

式 (33) を代入すると、$\sigma^2{}_{\hat{x}_t^-}$ が下式のように、$\sigma^2{}_{\hat{x}_t}$ にフィルタリングされます。

$$\sigma^2{}_{\hat{x}_t} = (1 - k_t)\sigma^2{}_{\hat{x}_t^-} = (1 - k_t)(a^2\sigma^2{}_{\hat{x}_{t-1}} + g^2\tau^2) \tag{38}$$

⑤ 1 期先予測

時刻 t における観測値 x_t を用いて時刻 $t-1$ で予測した状態予測値 $\hat{x}_t^-$ に対して、カルマンフィルタリングを施しました。それによって、時刻 t における状態予測値と状態予測値の分散は、次のように更新されました。

$$\hat{x}_t = [a\,\hat{x}_{t-1}+d] + k_t \cdot \left(x_t - [a\,\hat{x}_{t-1}+d] \right) \tag{39}$$

$$\sigma^2{}_{\hat{x}_t} = (1-k_t)(a^2\sigma^2{}_{\hat{x}_{t-1}}+g^2\tau^2) \tag{40}$$

式 (39) と (40) を用いれば、時刻 t より 1 期先の時刻 $t+1$ 状態の状態予測値 $\hat{x}_{t+1}^-$ と、それに伴う分散 $\sigma^2{}_{\hat{x}_{t+1}^-}$ を計算することができます。

$$\hat{x}_{t+1}^- = a\,\hat{x}_t + d \tag{41}$$

$$\sigma^2{}_{\hat{x}_{t+1}^-} = a^2\sigma^2{}_{\hat{x}_t} + g^2\tau^2 \tag{42}$$

⑥ 1 期先予測値に対するフィルタリング

時刻 t における予測プロセスで予測した時刻 $t+1$ の状態予測値 $\hat{x}_{t+1}^-$ をフィルタリングするためには、時刻 $t+1$ の観測値 x_{t+1} がわかるまで待たないといけません。たとえば、今は時刻 $t+1$ に代わり、観測値である x_{t+1} が入手できるようになったとします。すると、状態予測値 $\hat{x}_{t+1}^-$ は、以下のようなフィルタリングで $\hat{x}_{t+1}$ に修正されます。

$$\hat{x}_{t+1} = \hat{x}_{t+1}^- + k_{t+1}(x_{t+1} - \hat{x}_{t+1}^-) \tag{43}$$

$$\hat{x}_{t+1} = [a\,\hat{x}_t + d] + k_{t+1} \cdot \left(x_t - [a\,\hat{x}_t + d] \right) \tag{44}$$

式中のカルマンフィルタ k_{t+1} は、以下のように与えられます。

$$k_{t+1} = \frac{\sigma^2{}_{\hat{x}_{t+1}^-}}{\sigma^2{}_{\hat{x}_{t+1}^-} + \sigma^2{}_{x_{t+1}}} \tag{45}$$

$\sigma^2{}_{\hat{x}_{t+1}^-}$ は式 (42) ですでに算出されているので、それを式 (45) に代入します。

$$k_{t+1} = \frac{a^2\sigma^2{}_{\hat{x}_t} + g^2\tau^2}{(a^2\sigma^2{}_{\hat{x}_t} + g^2\tau^2) + \rho^2} \tag{46}$$

さらに、式(40)の$\sigma^2_{\bar{x}_t}$の結果を用いれば、時刻$t+1$でのカルマンゲインk_{t+1}を計算することができます。また、k_{t+1}と$\sigma^2_{\bar{x}_{t+1}}$を用いて、予測した時刻$t+1$の分散$\sigma^2_{\bar{x}_{t+1}}$をフィルタリングします。

$$\sigma^2_{\hat{x}_{t+1}}=(1-k_{t+1})\sigma^2_{\bar{x}_{t+1}}=(1-k_t)(a^2\sigma^2_{\bar{x}_t}+g^2\tau^2) \tag{47}$$

これらの処理によって、時刻$t+1$における状態予測値と状態予測値の分散は、観測値データを用いて、次のように更新されます。

$$\hat{x}_{t+1}=[a\,\hat{x}_t+d]+k_{t+1}\cdot\left(x_{t+1}-[a\,\hat{x}_t+d]\right) \tag{48}$$

$$k_{t+1}=\frac{a^2\sigma^2_{\bar{x}_t}+g^2\tau^2}{(a^2\sigma^2_{\bar{x}_t}+g^2\tau^2)+\rho^2} \tag{49}$$

$$\sigma^2_{\hat{x}_{t+1}}=(1-k_{t+1})\sigma^2_{\bar{x}_{t+1}}=(1-k_{t+1})(a^2\sigma^2_{\bar{x}_t}+g^2\tau^2) \tag{50}$$

これらを用いて、時刻$t+2$の状態予測値$\hat{x}_{t+2}^-$を予測することができます。その後は、⑤と⑥のステップを繰り返して実行していきます。

図3.22 は、以上のプロセスをまとめて図示したものです。状態空間モデルの内容は抽象的かつ符号表記の微小変化が多いため、同図と式を照らし合わせながら理解するのがおすすめです。

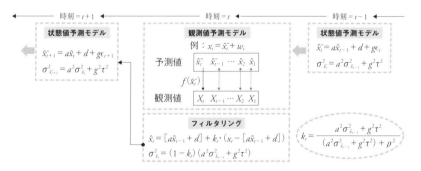

図 3.22 カルマンゲインを用いた状態空間モデル解析手法の模式図

以上、カルマンゲインによって状態空間モデルの解析手法を簡単に説明しました。これから、少し複雑な状況における状態空間モデルを紹介します。紙面の関係上、結論だけリストします。詳しい導出などは、文献[42]を参照してください。

4 │ より複雑な状況における状態空間モデル

① 観測値予測モデル同一型ではなく、通常の線形回帰モデルを採用する状態空間モデル

状態値予測モデル： $\qquad \hat{x}_t^- = a\hat{x}_{t-1} + d + g\epsilon_t \quad \epsilon_t \sim N(0, \tau^2)$ $\qquad(51)$

観測値予測モデル： $\qquad x_t = c\hat{x}_t^- + w_t \quad w_t \sim N(0, \rho^2)$ $\qquad(52)$

時刻 $t-1$ で予測された状態予測値 $\hat{x}_t^-$ の分散は、次のとおりです。

$$\sigma^2_{\hat{x}_t^-} = a^2\sigma^2_{\hat{x}_{t-1}} + g^2\tau^2 \qquad(53)$$

時刻 t におけるフィルタリングとカルマンゲインおよび分散の更新は、次のように計算されます。

$$\hat{x}_t = a\hat{x}_{t-1} + d + k_t'\left(\frac{x_{t-1}}{c} - \left[\left(a\hat{x}_{t-1} + d\right)\right]\right) \qquad(54)$$

$$\hat{x}_t = a\hat{x}_{t-1} + d + \frac{k_t'}{c}\left(x_{t-1} - c\left[\left(a\hat{x}_{t-1} + d\right)\right]\right) \qquad(55)$$

式 (55) の括弧の部分の処理は、状態予測値 $\hat{x}_t^-$ を基準にして誤差を計算しているため、このような変形を行っています。それに伴って、カルマンゲインの計算も少し変わります。

$$k_t' = \frac{c^2\sigma^2_{\hat{x}_t^-}}{c^2\sigma^2_{\hat{x}_t^-} + \rho^2} \quad \rightarrow \quad k_t = \frac{k_t'}{c} = \frac{c\sigma^2_{\hat{x}_t^-}}{c^2\sigma^2_{\hat{x}_t^-} + \rho^2} \qquad(56)$$

$$\sigma^2_{\hat{x}_t} = (1 - k_t c)\sigma^2_{\hat{x}_t^-} = (1 - k_t c)(a^2\sigma^2_{\hat{x}_t} + g^2\tau^2) \qquad(57)$$

② 多変数の状態空間モデル

　ここまで、1 変数（1 次元）の状態空間モデルについて議論してきました。多変数（高次元）の場合の状態空間解析モデルについても、簡単に触れます。多変数状態空間モデルの基本的な考えかたは 1 次元と同じですが、1 次元の変数 x をベクトル X に、係数 a, d, c, m はそれぞれ行列に、分散 σ は共分散行列 $\sum$ に変わる点が違います。まず、多変数場合の状態値予測モデルと観測値予測モデルを示します。

$$\text{状態値予測モデル：} \quad \widehat{X_{\bar{t}}} = A\widehat{X}_{t-1} + D + GE_t \quad E_t \sim N(0, Q) \tag{58}$$

$$\text{観測値予測モデル：} \quad X_t = C\widehat{X_{\bar{t}}} + W_t \quad W_t \sim N(0, P) \tag{59}$$

時刻 $t-1$ で予測された状態予測値 $\widehat{X_{\bar{t}}}$ の分散は、次のように表せます。

$$\Sigma_{x_{\bar{t}}} = A \Sigma_{x_{t-1}} A^T + GQG^T \tag{60}$$

時刻 t におけるフィルタリングとカルマンゲイン、および分散の更新は、次のように計算されます。

$$\widehat{X}_t = A\widehat{X}_{t-1} + D + K_t [X_t - C(A\widehat{X}_{t-1} + D)] \tag{61}$$

$$K_t = \frac{\Sigma_{x_{\bar{t}}} C^T}{C\Sigma_{x_{\bar{t}}} C^T + P} = \Sigma_{x_{\bar{t}}} C^T (C\Sigma_{x_{\bar{t}}} C^T + P)^{-1} \tag{62}$$

$$\Sigma_{x_t} = (1 - K_t C)\Sigma_{x_{\bar{t}}} \tag{63}$$

③ 複数の状態値予測モデルがある場合の状態空間モデル

さらに複雑な状況、たとえば複数な状態値予測モデルがある場合の状態空間モデルを考えてみましょう。だたし、ここでは複数の状態値があってもお互いに相関をもたない、すなわち加法定理が成立する仮定のもとで解析を行います。

$$\text{状態値 1 予測モデル：} \quad \widehat{X_{\bar{t}}} = A_1\widehat{X}_{t-1} + D_1 + G_1 E_t \quad E_t \sim N(0, Q_1) \tag{64}$$

$$\text{状態値 2 予測モデル：} \quad \widehat{S_{\bar{t}}} = A_2\widehat{S}_{t-1} + D_2 + G_2 V_t \quad E_t \sim N(0, Q_2) \tag{65}$$

$$\text{観測値予測モデル：} \quad X_t = C_1\widehat{X_{\bar{t}}} + C_2\widehat{S_{\bar{t}}} + W_t \quad W_t \sim N(0, P) \tag{66}$$

このような状況の場合は、次のように、単一状態値予測モデルの係数行列の拡張として考えることができます。

$$A = \begin{bmatrix} A_1 & \\ & A_2 \end{bmatrix} \quad D = \begin{bmatrix} D_1 \\ D_2 \end{bmatrix} \quad G = \begin{bmatrix} G_1 & \\ & G_2 \end{bmatrix} \quad Q = \begin{bmatrix} Q_1 & \\ & Q_2 \end{bmatrix} \quad C = \begin{bmatrix} C_1 & \\ & C_2 \end{bmatrix}$$

このように、複数状態値予測モデルでも、単一状態値モデルの状態空間モデルに戻れます。そのあとの処理プロセスは②の手順と同じになり、同じ計算式を用いて状態空間モデルの解析を行うことができます。

④ カルマンフィルタと粒子型カルマンフィルタを用いた時系列状態空間モデル

ここまでのモデルでは、ガウス分布を仮定するという前提条件や、加法定理が成立するという前提条件で解析を行ってきました。しかし現実問題においては、非ガウス分布や状態値と観測値の間に非線形をもつことが多くあります。

このように複雑な問題においても、さまざまな状態空間解析手法が開発されています。たとえば、**拡張カルマンフィルタ**[44]、**混合ガウス分布**[45]、そして**粒子型カルマンフィルタ**[34]などがあります。粒子型カルマンフィルタは、1.6 節で紹介したモンテカルロ粒子フィルタ手法によるベイジアン型次元削減と完全に同じ手法です。これからカルマンフィルタと粒子型カルマンフィルタを用いた時系列状態空間モデル解析例を取り上げ、両者を比較しながら説明を進めていきます。

Python による状態空間モデル解析は、statsmodels に UnobservedComponents というツールがあります。import するだけで、カルマンフィルタを用いた状態空間モデル解析を簡単に使用することができます。例題は月ごとの飛行機の乗客数の問題です。

◆ **STEP 1　サンプルデータに対する ADF 検定と自己相関分析、偏自己相関分析**

サンプルデータは AR モデルの解析と同じものであるため、ADF 検定と自己相関分析、偏自己相関分析により、サンプルデータが非定常性を有する結論となります。

◆ **STEP 2　残差に対する自己相関分析、偏自己相関分析**

STEP 1 ではサンプルデータに直接、定常性検証を行いました。続いて、カルマンフィルタを用いてデータ解析を行い、予測値と実測値の残差に対して定常性を検証します。

まず、カルマンフィルタモデルを選定します。statsmodels には、カルマンフィルタモデルの設定条件が多数あります。ただし最適化というモジュールはないので、手作業で試行錯誤する必要があります。ここでは 2 種類のモデルを選定して検証を行います。

（1）過去の時系列データという単一状態値予測モデルである、ローカルレベルカルマンフィルタモデル

（2）過去の時系列データ、トレンドモデル、季節調整モデルを入れた、複数状態値予測モデル

　まず、ローカルレベルカルマンフィルタモデルを検証します。このモデルは、式(51)と式(52)に記述した状態空間モデルと対応しています。ローカルレベルカルマンフィルタモデルを用いて、回帰と残差の相関や、定常性の検定を行います。コードを**リスト** 3.17 に、実行結果を**図** 3.23 に示します。

リスト 3.17　ローカルレベルカルマンフィルタモデルによる回帰と残差検定（kalmanfilter.py）

```
29  model = sm.tsa.UnobservedComponents(passengers, 'local level')
    ⋮
35  kalman = model.fit(method = 'bfgs')
36  residkalman = kalman.resid
37  fig = plt.figure(figsize =(6,8))
38  ax1 = fig.add_subplot(211)
39  fig = sm.graphics.tsa.plot_acf(residkalman.values.squeeze(), lags = 40, ax = ax1)
40  ax2 = fig.add_subplot(212)
41  fig = sm.graphics.tsa.plot_pacf(residkalman, lags = 40, ax = ax2)
```

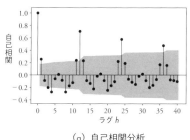
（a）自己相関分析

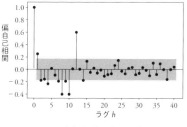
（b）偏自己相関分析

図 3.23　ローカルレベルカルマンフィルタモデルの残差に対する相関分析

　残差のデータどうしの相関がまだ残っており、12ヶ月という周期性がきちんと処理できていないことが示唆されています。

◆ **STEP 3　ローカルレベルカルマンフィルタモデルを実行し予測値と実測値を同時プロット**

　定常性の最後の検証手順として、ローカルレベルカルマンフィルタモデルよる予測値と実測値を同時プロットし、見せかけの回帰がどれくらい表れているか検証します。In-sample 予測と Out-of-sample 予測の 2 種類の予測を行います。**リスト** 3.18 にコードを、**図** 3.24 に実行結果を示します。

リスト 3.18　ローカルレベルカルマンフィルタモデルによる予測（kalmanfilter.py）

```
44   pred = kalman.predict('1955-01-01', '1958-12-01',typ = 'levels')
 ⋮
50   pred = kalman.predict('1958-01-01', '1965-12-01',typ = 'levels')
```

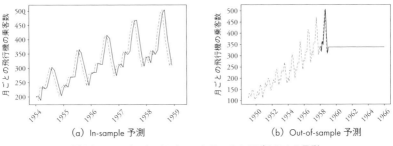

(a) In-sample 予測　　　　　　　　(b) Out-of-sample 予測

図 3.24　ローカルレベルカルマンフィルタモデルによる予測

　図 3.24(a) は、In-sample 予測と実測値の結果です。予測値は実測値より、ある決まった時間スパンで右にずれていることがわかります。これは一部の自己回帰型モデルの解析と同じような傾向となり、見せかけの回帰が起きていることがわかります。

　一方、同図(b) は Out-of-sample 予測を行った結果です。元データのトレンドを学習できず、長期予測が機能していないことがわかります。この結果を、図 3.23の残差の自己相関分析と偏自己相関分析の結果から考察すると、残差に強い相関が残っているのでローカルレベルカルマンフィルタモデルが当データの非定常性に対応できていないことが示唆されています。すなわち、過去時系列データを状態予測値としたローカルレベルカルマンフィルタモデルは、回帰予測機能をもっていないことがわかります。

以上の結果を踏まえて、2つめのモデルである「過去の時系列データ以外のトレンドモデル、季節調整モデルを入れた複数状態値予測モデル」を試してみましょう。

このモデルは、状態空間モデルを解説した際に取り上げた式 (64)、式 (65) および式 (66) に記述した状態空間モデルと対応しています。コードを**リスト 3.19** に、実行結果を**図 3.25** に示します。

リスト 3.19　複数状態カルマンフィルタモデルによる回帰と残差検定（kalmanfilter.py）

```
33  model = sm.tsa.UnobservedComponents(passengers,'local linear
    deterministic trend',
34      seasonal = 12)
35  kalman = model.fit(method = 'bfgs')
36  residkalman = kalman.resid
37  fig = plt.figure(figsize =(6,8))
38  ax1 = fig.add_subplot(211)
39  fig = sm.graphics.tsa.plot_acf(residkalman.values.squeeze(), lags = 40, ax =
    ax1)
40  ax2 = fig.add_subplot(212)
41  fig = sm.graphics.tsa.plot_pacf(residkalman, lags = 40, ax = ax2)
```

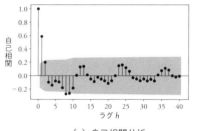

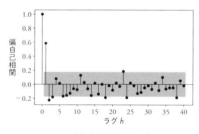

（a）自己相関分析　　　　　（b）偏自己相関分析

図 3.25　複数状態カルマンフィルタモデルの残差に対する相関分析

リスト 3.19 は、リスト 3.17 に線形トレンドと季節周期性を表す状態値を入れました。

図 3.25 からわかるとおり、残差のデータどうしの相関はほとんど残っていません。複数状態カルマンフィルタモデルが、元データにある非定常性に対応できていることを示唆しています。

定常性の最後の検証手順として、複数状態カルマンフィルタモデルによる予測値と実測値を同時プロットし、見せかけの回帰がどれくらい表れているかを検証します。In-sample 予測と Out-of-sample 予測の 2 種類の予測を行います。**リスト 3.20** にコードを、**図 3.26** に実行結果を示します。

リスト 3.20 複数状態カルマンフィルタモデルによる予測（kalmanfilter.py）

```
44   pred = kalman.predict('1955-01-01', '1958-12-01',typ = 'levels')
  ⋮
50   pred = kalman.predict('1958-01-01', '1965-12-01',typ = 'levels')
```

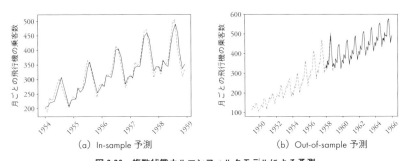

(a) In-sample 予測　　　　　　　　(b) Out-of-sample 予測

図 3.26　複数状態カルマンフィルタモデルによる予測

図 3.26(a) は、In-sample 予測と実測値の結果です。予測値は実測値と少しずれが残っていますが、ほぼ一致していることがわかります。この結果から、これまで SARIMA モデル以外の自己回帰型モデルやローカルレベルカルマンフィルタモデルに現れた、見せかけの回帰現象が起きていないことがわかります。つまり、月ごとの飛行機の乗客数問題に対して、「信頼できる回帰」がある程度できたことを示唆しています。

同図(b) は、Out-of-sample 予測を行った結果です。こちらも前述した SARIMA モデルと同じような結果となり、複数状態カルマンフィルタモデルが元データのトレンドを学習できたとともに、元データにあった季節的に変動する特徴もきちんとつかめていることがわかります。

最後に非線形カルマンフィルタの解析手法の代表例として、1.4節で紹介した**モンテカルロ粒子フィルタ**を、月ごとの飛行機の乗客数問題に適用し有効性を検証します。残念なことに、モンテカルロ粒子フィルタはPythonの標準ライブラリに搭載されていません。ここでは、文献[46][47]を参照して修正したモンテカルロ粒子フィルタのコードを用います（**リスト3.21**）。

リスト 3.21 モンテカルロ粒子フィルタ手法による次元削減（mcpfilter.py）

```
14   content = pd.read_csv("AirPassengers.csv")
15   df = content['#Passengers']
 ⋮
71   normalized_weight [n] = w[t]/np.sum(w[n])
72   mc_output = mc_sampling(normalized_weight,particle)
```

1.4節では、モンテカルロ粒子フィルタを、おもに次元削減の観点から紹介しました。時系列データの回帰問題における基本的な原理はまったく同じなので、手法に関する説明は省略します。

図3.27は、モンテカルロ粒子フィルタを用いた、月ごとの飛行機乗客数の回帰問題の予測結果を示しています。モンテカルロ粒子フィルタもハイパーパラメータが複数個あるので、ハイパーパラメータの最適化の試行錯誤が必要です。同図からは、粒子の数による予測精度の変化がみえます。傾向として、前半の部分は予測値と実測値との時間軸のずれがほとんどないため、信頼できる回帰ができていると考えられます。しかし後半になると、徐々に実測値とのずれが大きくなり、予測値の信頼度が下がります。

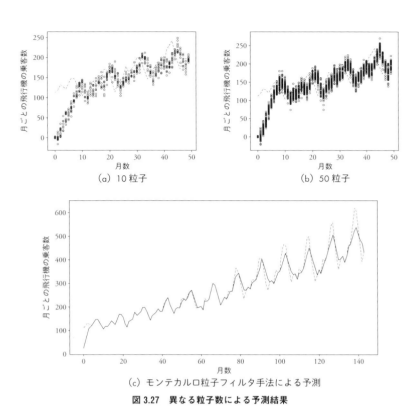

（a）10 粒子

（b）50 粒子

（c）モンテカルロ粒子フィルタ手法による予測

図 3.27　異なる粒子数による予測結果

3.4

機械学習による時系列データの解析

　ここまで紹介してきた時系列データの典型的な解析手法は、統計解析の手法でした。本章の冒頭（表 3.1）でも言及したように、統計だけでなく、機械学習の手法でも解析可能です。機械学習アルゴリズムの基本原理や実行手順などは、すでに第 1 章で紹介したのでここでは省略します。

1 ｜ 単変数の時系列データに対する機械学習

　さて、機械学習による非時系列データの解析については、系統的に記述されている入門書や専門書が多数ありますが、時系列データを扱う専門書は非常に少ないのが現状です。その原因の 1 つとして、定常性を有することを前提とする機械学習は、複雑な定常性をもつ時系列データへの対応がきわめて困難であることが挙げられます。

　本節では、これまで取り扱ってきた月ごとの飛行機の乗客数の回帰問題に、代表的な機械学習手法を応用してみます。以下に、単変数の時系列データに対して機械学習の手法を用いたときの、学習と予測結果について示します。取り上げた手法は以下の 4 つです。

(1) **線形回帰モデル（Linear regression）**
(2) **サポートベクトル回帰（SVR）**
(3) **ランダムフォレスト（Random forest）**
(4) **再帰型ニューラルネットワーク（LSTM）**

　すべてのアルゴリズムは、Python の **scikit-learn** というライブラリから呼び出すことができます。実行コードを**リスト 3.22** に示します。

リスト 3.22　機械学習による異常検知①（ML_LR_SVR_RFR.py）

```
43   from sklearn.svm import SVR
44   from sklearn.linear_model import LinearRegression
45   from sklearn.ensemble import RandomForestRegressor as RFR
46   from sklearn.model_selection import train_test_split, GridSearchCV
47
48   regressor1 = LinearRegression()
49   regressor2 =  SVR(kernel = 'linear', C = 1e3)
50   regressor3 = RFR(n_jobs =-1, random_state = 2525)
51   #regressor1.fit(trainX,trainY)
52   regressor2.fit(trainX,trainY)
53   #regressor3.fit(trainX,trainY)
54
55   # 学習結果を出力する
56   plt.figure(figsize =(6,3))
57   plt.plot(trainY, "--", color = 'b')
58   #plt.plot(regressor1.predict(trainX), color = 'k')
59   plt.plot(regressor2.predict(trainX), color = 'k')
60   #plt.plot(regressor3.predict(trainX), color = 'k')
61
62   # 予測結果を出力する
63   plt.figure(figsize =(4,3))
64   plt.plot(testY, "--", color = 'b')
65   #plt.plot(regressor1.predict(testX), color = 'k')
66   plt.plot(regressor2.predict(testX), color = 'k')
67   #plt.plot(regressor3.predict(testX), color = 'k')
```

再帰型ニューラルネットワーク（**LSTM**）は、**Keras** という標準的搭載されているフレームワークを使用すれば、学習・予測モデルを簡単に作成できます。唯一注意してほしいのは、ラグした入力データの作成に工夫する必要がある点です。リスト 3.23 を使えば、**ラグ**（look back）を定義し、任意のラグ値の入力データを作成できます。

リスト 3.23　機械学習による異常検知②（ML_LR_SVR_RFR.py）

```
14   def create_dataset(dataset, look_back):
15     dataX, dataY = [], []
16     for i in range(len(dataset)-look_back-1):
17       a = dataset[i:(i + look_back), 0]
18       dataX.append(a)
19       dataY.append(dataset[i + look_back, 0])
20     return numpy.array(dataX), numpy.array(dataY)
```

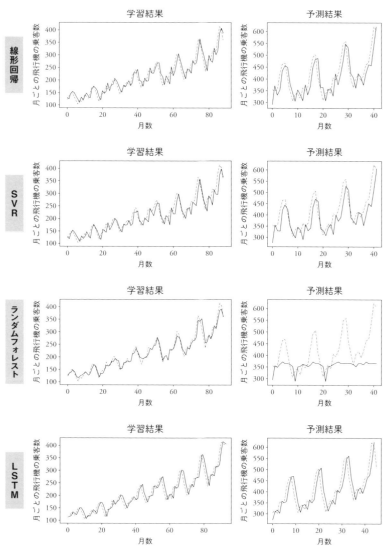

図 3.28　代表的な機械学習手法による学習予測結果

　図 3.28 からわかるように、4 種類の機械学習手法を用いて月ごとの飛行機の乗客数を検証した結果をみると、学習ステップと予測ステップのどちらも、実測値と予測値が一定の時間間隔で横ずれしている現象が表れています。

　この現象は、これまで自己回帰モデルや状態空間モデルの解析で何度も指摘してきた「見せかけの回帰」そのものです。要するに、非定常性のデータをそのま

190

ま適用してしまうとデータが有する非定常性を処理できず、見せかけの回帰が起きてしまいます。

　近年、世間では機械学習や深層学習でなんでも解析できるという、誇張された風潮が蔓延しています。確かに非時系列データの場合は、機械学習や深層学習でも成功するケースが多いのですが、時系列データに関しては、定常性の有無に関する考察や対処方法をきちんと行わないと失敗する恐れがあります。さらに注目したいのは、図 3.28 のランダムフォレストの結果です。予測段階の結果は、ほかの 3 手法と異なる傾向を示し、元データのトレンドに追従できていないことがわかります。このことはランダムフォレストと同じ種類の手法、たとえば勾配ブースティング、XG ブースティング、Light GBM などの手法を時系列データに適用する際も、定常性の有無に注意を払わなければいけないことを示唆しています。

2 ｜ 多変数の時系列データに対する機械学習

　ここまでは、単変数の時系列データについて説明してきました。ここからは、多変数の時系列データの機械学習手法について、実例を通して簡単に紹介します。

　これまで取り上げてきた月ごとの飛行機の乗客数の問題は、単変数問題なので、時系列データをラグして目的変数と説明変数を作り、解析を行ってきました。多変数の時系列データ解析については、ここまで自己回帰型モデルや状態空間モデル（式(64)〜(66)）を使って説明しましたが、機械学習手法における多変数時系列回帰は、これまで紹介した自己回帰型や状態空間モデルの多変数時系列解析とかなり異なります。両者の相違点を、**図 3.29** に示します。

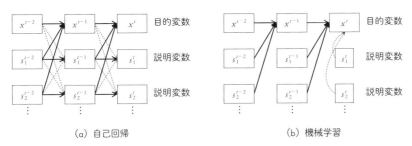

（a）自己回帰　　　　　　　　　　　（b）機械学習

図 3.29　多変数時系列回帰の比較

この図からわかるように、自己回帰手法などは説明変数である s^t が目的変数 x^t とともに1時刻前の変数値 s^{t-1} と x^{t-1} を用いて自己回帰されています（図3.29 (a)）。一方、機械学習手法の場合は、説明変数 s^t が独立変数として扱われ、目的関数 x^t だけが1時刻前の変数値 s^{t-1} と x^{t-1} を用いて回帰されています（図3.29 (b)）。注意すべき点として、機械学習を用いた時系列データ予測を紹介する文献や資料の多くは、目的変数 x^t が1時刻前の変数値 s_1^t と x^{t-1} を用いて予測されているのではなく、図3.29(b)の点線で示すように、同時刻の変数値 s_1^t、s_2^t を用いて計算されていることが挙げられます。すなわち、同時刻の説明変数を使用しているので、予測が機能せずに単純な回帰計算になっている、ということに注意しましょう。

それでは、機械学習における時系列処理の代表的な手法である **LSTM-RNN** を用いた多変数時系列予測について、例を挙げて説明します。今回解析する時系列データは、北京の米国大使館で天気と汚染のレベルを5年間に渡り1時間ごとに報告したデータセット[48]です。目的変数は PM2.5 の濃度です。説明変数は目的変数の過去の時系列データを含めて7個あり、それぞれ1時刻前の PM2.5 濃度、露点、圧力、風向、風速、積雪、降雨量となっています。単変数時系列解析と同じように、まずはサンプルデータに対する定常性検証を行います。

◆ **STEP 1　サンプルデータに対する ADF 検定と自己相関分析、偏自己相関分析**

リスト3.24 を用いて、ADF 検定、自己相関分析、偏自己相関分析を行います。

リスト3.24　サンプルデータに対する ADF 検定と自己相関、偏自己相関分析（lstm_pollute.py）

```
095  dataset = read_csv('pollution_5variable.csv', header = 0, index_col = 0)
096  values = dataset.values
097  dataset = dataset['pollution']
098
099  result = sm.tsa.stattools.adfuller(dataset)
100  print('ADF Statistic: %f' % result[0])
101  print('p-value: %f' % result[1])
102  print('Critical Values:')
103  for key, value in result[4].items():
104      print('\t%s: %.3f' % (key, value))
105
```

```
106  sm.graphics.tsa.plot_acf(dataset, lags = 80,)
107  sm.graphics.tsa.plot_pacf(dataset, lags = 80,)
108  plt.show()
```

　以下は ADF 検定結果です。P 値が 0.026146 となっています。この数値は非常に微妙です。仮に基準の P 値が 0.05 とすれば単位根過程という帰無仮説は棄却されるので、単位根過程ではないとみなすことができます。しかし基準の P 値が 0.01 とすると、単位根過程という帰無仮説は棄却できません。ADP 統計値も同じ傾向を示しています。臨界値を 5% とした場合は、ADF 統計値の − 3.105539 が臨界値を下回るので、定常性であるとみなせますが、臨界値を 1% とした場合は、ADF 統計値のほうが臨界値を上回るので、定常性ではなく非定常性であることが示唆されます。

ADF Statistic: -3.105539　P-value: 0.026146

Critical Values:　1%: -3.448　　5%: -2.869　　10%: -2.571

　図 3.30 は、自己相関分析と偏自己相関分析の結果を示しています。図中の塗りつぶしの帯は、95% 信頼空間を示しています。図からわかるように、偏自己相関係数から、ラグ 1 で大きな正の相関があります。つまり、1 時刻前の PM2.5 濃度値が高ければ、現時刻においても PM2.5 濃度値が高くなる傾向を示しています。また、図 3.30 の自己相関係数がラグ h の増加につれ減衰するようすは、図 3.6 の定常性のホワイトノイズの結果と異なる傾向を示していることがわかります。この結果からも、もとのサンプルデータは非定常性を有することが示唆されます。

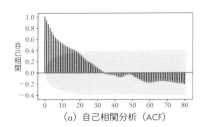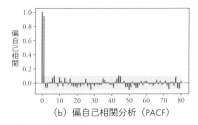

（a）自己相関分析（ACF）　　　（b）偏自己相関分析（PACF）

図 3.30　多変数時系列入力データの相関検定

　STEP 1 では、サンプルデータに対して定常性検証を行いました。STEP 2 では、多変数 LSTM-RNN 解析手法を用いてデータ解析を行い、予測値と実測値の残差に対して定常性を検証する手順を説明します。ここでは、計算時間の関係で、データセット中の 15 日間のデータを用いて学習予測解析を行いました。**リスト 3.25** は、予測と残差検定用のコードです。

リスト 3.25　残差に対する ADF 検定と自己相関、偏自己相関分析（lstm_pollute.py）

```
168    pm_pred = model.predict(test_X)
169    test_X = test_X.reshape((test_X.shape[0], test_X.shape[2]))
170    playback_pm_pred = concatenate((pm_pred, test_X[:, 1:]), axis = 1)
171    playback_pm_pred = scaler.inverse_transform(playback_pm_pred)
172    playback_pm_pred = playback_pm_pred[:,0]
173
174
175    test_pm = test_y.reshape((len(test_y), 1))
176    playback_pm = concatenate((test_pm, test_X[:, 1:]), axis = 1)
177    playback_pm = scaler.inverse_transform(playback_pm)
178    playback_pm = playback_pm[:,0]
179
180    rmse = sqrt(mean_squared_error(playback_pm, playback_pm_pred))
181    print('Test RMSE: %.3f' % rmse)
182    # ACF, PACF
183    dataset =  np.abs(playback_pm-playback_pm_pred)
184    fig = plt.figure(figsize =(12,3))
185    ax1 = fig.add_subplot(121)
186    fig = sm.graphics.tsa.plot_acf(dataset, lags = 80, markersize = 2, ax = ax1)
187    ax2 = fig.add_subplot(122)
188    fig = sm.graphics.tsa.plot_pacf(dataset, lags = 80, markersize = 2,  ax = ax2)
189    plt.show()
```

　残差の自己相関分析と偏自己相関分析の結果は、**図 3.31** に示しています。同図からわかるように、残差は 1 時刻前のデータに対して強い依存性があるので、非定常性が相変わらず残っていることが示唆されます。

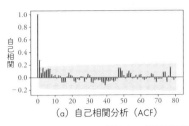
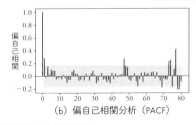

(a) 自己相関分析（ACF）　　　　　　　　（b）偏自己相関分析（PACF）

図 3.31　多変数時系列残差に対する相関検定

◆ **STEP 3　多変数 LSTM-RNN 解析モデルを実行し予測値と実測値を同時プロット**

　定常性の検証の最後のステップとして、多変数 LSTM-RNN 解析モデルを用いて予測値と実測値を同時プロットし、「見せかけの回帰」がどれくらい表れているかを検証します。今回は 10 日間のデータを学習データとして使用し、残った約 6 日間のデータを検証データとして使用しました。

　図 3.32 の (a) は、解析モデルを用いた学習曲線を表しています。学習のステップ数が増えるとともに、誤差関数の値が単調減少し収束に向かっているので、学習がうまくいっていると示唆されます。

　図 3.32 (b) は、実測値と予測値を同時にプロットした結果です。同図からわかるように、予測値は実測値とちょうど 1 時間ずれて形状を「複製」しています。これは時系列自己回帰モデルにおける「見せかけの回帰」と一致しているので、多変数 LSTM-RNN 解析手法は、<u>まだ改善の余地があるものの</u>、現段階のモデルでは、非定常性の入力データをもつ時系列予測に適応していないことがわかります。

　多変数時系列予測に関しては、機械学習のほかに、前述した状態空間モデルも使用できます。ただし、どんな手法にも一長一短があります。実際の時系列データ予測問題、たとえば渋滞問題や金融株価予測問題は、非定常性をもつことがほとんどなので、本書の手法を応用する際には、とくに注意を払う必要があります。

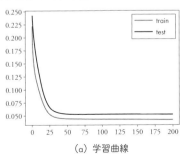
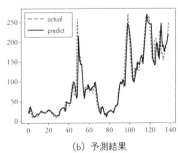

(a) 学習曲線　　　　　　　　　　　　　　（b）予測結果

図 3.32　多変数時系列予測解析結果

時系列データにおける異常検知

3.5

時系列データにおける異常検知

前節までで、時系列データの解析について一通り説明しました。ここからは、時系列データにおける異常検知について紹介します。時系列データにおける異常検知の手順は、第 2 章で説明した非時系列データにおける異常検知と基本的に同じです。すなわち

モデルの構築 → 異常度の定義 → 閾値の設定 → モデルの検証

という流れで行います。

モデル構築に関しては、すでに紹介した自己回帰や機械学習など、さまざまな手法を用いて構築することができます。時系列データにおける異常度の定義については、第 2 章で紹介した非時系列データにおける機械学習手法の異常度の定義と類似しています。そのため、第 2 章で紹介した誤差から定義された異常度を、そのまま使用することができます。本節では、これまでもたびたび出てきた「In-sample 法」「Out-of-sample 法」について、少し詳しく説明します。これらは、自己回帰分析における異常度を定義する手法です。

【方法 I】In-sample 法

自己回帰モデルはあくまでも回帰モデルなので、異常度の定義は、第 2 章で紹介した誤差関数に基づく異常度の定義を使用できます。定義式は以下となります。

$$\alpha(X_t) = \left| X_t - \tilde{X}_t(In\_sample) \right| \tag{67}$$

ここで $\tilde{X}_t$ は訓練サンプル領域での予測値であり、別名として、In-sample 予測値とよぶ場合もあります。

【方法 II】Out-of-sample 法

In-sample 法と基本概念はまったく同じです。ただし、予測値の範囲は学習データの領域外で行われます。定義式は以下となります。

$$\alpha(X_t) = \left| X_t - \tilde{X}_t(Out\_sample) \right| \tag{68}$$

両手法の具体的な実施手順は、例題を通して説明します。しきい値の設定とモデルの検証は第2章と同じなので、ここでは説明を割愛します。

1 ｜ 自己回帰モデルによる時系列データの異常検知

これから例題を通して、自己回帰モデルによる時系列データの異常検知への適応性を考察していきます。解析対象となるデータは、時系列異常検知のベンチマーク解析に頻繁に用いられる心電図データを使います。このデータセットは、以下の URL から取得できます。

http://www.cs.ucr.edu/~eamonn/discords/qtdbsel102.txt

慣例に従い、この解析データは、今後 **ECG データ**とよびます。

3.2 節ではさまざまな自己回帰モデルを紹介しましたが、異常検知では、どの自己回帰モデルであっても、解析の流れや解析結果などの類似性が高くなります。そのため、本節では ARMA モデルを代表的な例として取り上げて紹介します。ほかのモデルに関しては、解析した結果は図示しますが、詳しい説明は割愛します。ただし、ほかのモデルの解析結果を再現するためのコードは GitHub から入手できるので、自ら実行し結果を確認することをおすすめします。

◆ STEP 1　サンプルデータに対する自己相関分析、偏自己相関分析

異常検知においても、自己回帰モデルを適用する前に、解析対象となる ECG データの定常性の状況を把握しておく必要があります。そこで、ARMA モデルを実行する前に、ECG データにおける自己相関（ACF）と偏自己相関（PACF）の検証を行い、定常性の状況を把握します。

ACF 図は、ラグ h を増やしながら横軸にし、縦軸にそのラグ h に対応する自己相関係数の値をプロットした図です。ACF 図において、t 時刻のデータ s_t と $t-2$

時刻のデータ s_{t-2} の間に相関があり、さらに、s_{t-2} と s_{t-4} の間にも相関がある場合、推移律によって s_t と s_{t-4} も相関をもつことになります。一方、推移律が介入しない s_t と s_{t-4} の直接的な関係を調べるために、s_{t-2} の影響を除去した「s_t と s_{t-4}」の関係を決める方法を偏自己相関（PACF）とよびます。自己回帰関連モデルにおいては、PACF のほうが ACF より参考になる場合が多くなります。

　図 3.33 は、前述の ECG データに対して ACF と PACF を実行した結果を示しています。

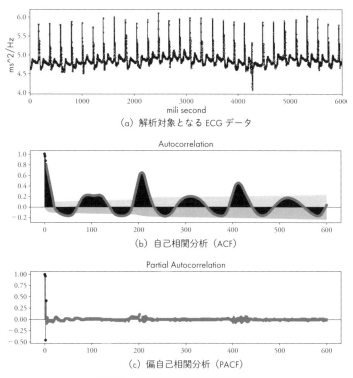

（a）解析対象となる ECG データ

（b）自己相関分析（ACF）

（c）偏自己相関分析（PACF）

図 3.33　多変数時系列予測解析の結果

　ACF と PACF は、Python の標準ライブラリ statsmodels を用いて簡単に計算できます。図 3.33 の結果から、灰色の領域以外は、ラグ h をもつデータ同士の自己相関があると判断できます。中段の ACF 図では、ラグ $h \approx 100$、$h \approx 200$、$h \approx 300$、$h \approx 400$ のところに強い相関があるという結果になっています。ただし、前述した推移律の考えかたから、各データどうしが独立相関をもつかどうかを

PACF から判断しないといけません。同図下段の PACF の結果から、偏自己相関をもつのはラグ $h \approx 200$ であることがわかります。ラグの値は、ちょうど ECG データにおける最も顕著な周期 ≈ 200 と一致していることが、上段の図から推察できます。以上から、ECG データは強い周期性があるので、非定常性をもつことがわかります。

◆ STEP 2　AIC/BIC による自己回帰モデル次数の選択と残差の定常性検定

前節でも言及しましたが、ARMA モデルのパラメータ p と q は、厳密に決める必要があります。そこで登場するのが**赤池情報量基準**（Akaike's Information Criterion、以下 **AIC**）と**ベイズ情報量規準**（Bayesian Information Criterion、以下 **BIC**）です。AIC あるいは BIC の値が最小となるような p と q が、式（18）における最適な値です。AIC と BIC は、Python の stattools にある arma_order_select_ic で簡単に計算できます。

AIC は、次の式で求めることができる値のことです。

$$AIC = -2lnL + 2k \tag{69}$$

この L は誤差関数の値で、k はパラメータの数です。式の第 1 項がモデルへの当てはまりのよさを、第 2 項がモデルの複雑さに対するペナルティを表しています。つまり第 2 項は、モデルの「もっともらしくなさ」と「ムダ」を示しています。

第 2 項におけるパラメータ数は、少ないほうがオーバーフィッティング（Overfitting）問題を避けることができるので、パラメータ数を抑えたモデルのほうが優位に働きます。対象となるすべてのモデルで AIC を計算し、AIC が最小となるモデルを選択すると、一般的にはよいモデルが選択できるといえます。

BIC も AIC と同様にモデル選択の際に用いる指標ですが、標本数が多ければ多いほど正しいモデルが選択されるという特徴があります。さらにペナルティとしてパラメータ数以外にサンプル数nを追加しているのが特徴でもあります。式は以下となります。

$$BIC = -2lnL + kln(n) \tag{70}$$

AIC も BIC も、絶対に正しいということはありません。一般的には、AIC と BIC の両方の情報量基準を評価してモデルを選択するというアプローチが多くみられます。

ECG データに対して ARMA モデルを適用し、AIC と BIC からパラメータ p と q を求めた結果、AIC からは $(p, q)=(4, 2)$ という値が求められ、BIC からは (p, q) $=(3, 1)$ という値が求められました。AIC と BIC から求めた値と実際の値を確認すると大きな差はないことから、両方ともおおむね適切な値が求められたことがわかります。

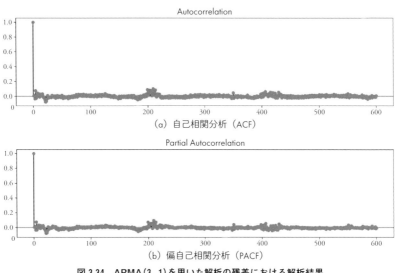

（a）自己相関分析（ACF）

（b）偏自己相関分析（PACF）

図 3.34　ARMA(3, 1) を用いた解析の残差における解析結果

　図 3.34 は、上記で最適化されたパラメータ p と q を用いた ARMA(3, 1) モデルで解析した残差の定常性を検証するための、ACF と PACF の結果です。ACF に関しては、入力データの定常性の結果（図 3.33(a)）とかなり違う傾向を示しています。また、ACF の結果と PACF の結果が類似していることも、同図からわかります。さらに、図 3.34 からラグ $h \approx 200$ の周期で偏自己相関が最も顕著に現れ、この傾向も図 3.33(c) の PACF とかなり類似しています。以上のことから、ARMA(3, 1) モデルは、入力データの非定常性にまったく対応できていないことがわかります。

　異常度は、誤差関数に基づいて In-sample 法と Out-of-sample 法によって定義
されます。In-sample 法は、訓練サンプル領域内での入力値に対する予測結果で
す。式で表すと、$\alpha(X_t)=\left|X_t-\tilde{X}_t(In\_sample)\right|$ となり、残差の絶対値を用いて異
常度 $\alpha(X_t)$ を定義しています。

◆ STEP 4　閾値の設定

　今回の入力データは厳密に閾値を決める基準がないので、分位点法を用いて閾
値を設定します。全データ数が 6,000 なので、そのうち 1%の 60 個を異常データ
と仮定し、そのなかから最小の $\alpha(X_t)$ の値を閾値とします。
　自己回帰モデルによる時系列データの異常検知のコードを、**リスト 3.26** に示し
ます。**図 3.35** は、ECG データにおける ARMA(3, 1)を用いた異常検知の解析結果
です。

リスト 3.26　自己回帰モデルによる時系列データの異常検知（discord_arma.py）

```
56   def plot_ARMA_results(origdata, pred11in, pred11out):
57     ax = origdata['volume'].plot(figsize =(10,1), grid = False,
58       color = 'k',marker = 'o', markersize = 2,markerfacecolor = 'w')
59     pred11in.plot(color =['b'],linestyle = 'dotted')
60     pred11in1 = pred11in-df_train + 3.0
61     pred11out1 = pred11out-df_test + 3.0
62     pred11out.plot(color =['r'])
63     pred11out1.plot(color =['r'],linestyle = 'dotted')
64     pred11in1.plot(color =['b'],linestyle = 'dotted')
65     ax.set_xlabel('mili second')
66     ax.set_ylabel('ms^2/Hz')
67     ax.set_ylim(1,7)
68     plt.show()
69   #plotを読み出す
70   plot_ARMA_results(df_nile, arma_11_inpred, arma_11_outpred)
```

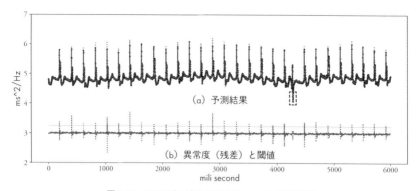

図 3.35　ARMA(3, 1)を用いた In-sample 解析結果

　異常度と閾値の算出は、STEP 3 と STEP 4 で紹介した手順で行われています。また、図 3.35(a)に示す予測も、式(67)により定義された異常度の計算結果である同図(b)も、In-sample 法で行っています。

　図 3.35 からわかるように、異常部位の検出はできていません。同図上の入力データから、4,500ms のあたりで、異常信号が発生しているのが目視でわかります(枠線で表示)。しかし、同図下の異常度の結果とそれに基づいて決められた閾値からは、4,500ms の前後に、閾値を超える異常信号は現れていません。つまり、異常検知が失敗したことがわかります。

　この結果は、文献[33]で提示された結果──すなわち、心電図のような突発性のデータに対して ARMA モデルによる異常検知を行うのは難しい、という結論と一致しています。確かに ARMA モデルは、現時点でのデータ数個の近傍の時刻データに対して回帰モデルを構築しているので、データ全体の特徴（平均、周期性など）を考慮して回帰するのが難しいといえます。

　そこで我々は、式(68)の方法 II で定義された異常度を用いて、自己回帰モデルの異常検出の適応性を検証しました。式(68)で記述している手法は、自己回帰モデルの Out-of-sample 法の予測機能を表しています。ARMA モデルは、学習データ以外の領域で予測を行う際に、回帰した値を出力することでこれからの傾向を出力するので、これまでのデータから抽出した特徴を予測データとして表しています。

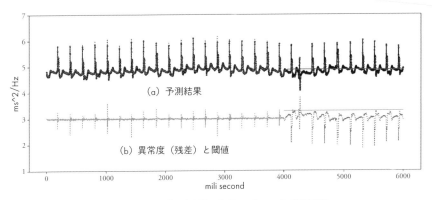

図 3.36　ARMA(3, 1)を用いた Out-of-sample 解析結果

　図 3.36 には、式(68)を用いた計算結果を示しています。データは 4,000 ms までを訓練データとして使用し、4,000 mns〜6,000 ms までを予測しました。図 3.36 上からわかるように、0 ms〜4,050 ms では局所の特徴を反映した予測値を出力していますが、4,050 ms〜6,000 ms では大域の平均値を定数として出力しています。図 3.36 上には Out-of-sample 法で定義された異常度と、それに基づいて決められた閾値を表しています。同図からわかるように、局所の特徴を反映した 0 ms〜4,050 ms の領域での異常度は相変わらず不規則変動し、一定の傾向がみえません。しかし、4,050 ms〜6,000 ms では図 3.36 とは違う傾向を示し、正常部位の信号はおおむね同じ大きさの値となり、異常部位の信号と明らかに違う大きさを示していることがわかります。その場所も目視で確認できる異常信号と完全に一致しています。このように、自己回帰モデルを利用した時系列データの異常検知を行う際は、異常度の算出手法にとくに注意を払っておけば、難しい異常検知もある程度対応できます。

　以上、ARMA を代表とする自己回帰モデルの時系列異常検知について紹介しました。ほかの手法、たとえば AR、MA、ARIMA、SARIMA も、おおむね同じような解析手順となります。スペースの関係で詳しい説明は割愛しますが、**図 3.37** に、それぞれの手法を用いた解析結果をまとめて示しています。一点だけ注意して頂きたいのは、SARIMA モデルの周期性の除去については、ECG データの周期性が 200 を超えているため、許容の計算時間内では解析できませんでした。そのため同モデルについては、季節性の変数に正しい周期を入れた計算ができていません。

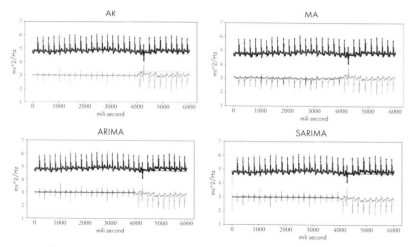

図3.37 AR、MA、ARIMA、SARIMA を用いた Out-of-sample 異常検知結果

2 │ 機械学習による時系列データの異常検知

前節では、自己回帰モデルによる異常検知について説明しました。統計解析の観点からみると、自己回帰モデルは非常に優れた手法です。しかし異常検知に応用する際には、さまざまな制限があります。たとえば、異常検知は全データのなかから異常のあるデータを特定することが目的なので、局所の特徴よりも大域の特徴を反映しなければなりません。その観点からいうと、異常検知においては、時系列データの局所特徴解析が得意な自己回帰モデルより、局所特徴（バイアス）と大域の特徴（バリアンス）を同時に考慮することができる機械学習モデルのほうが効果を期待できます。

ここでは、時間窓を導入したスライド窓 k 近傍法、特異スペクトル解析手法、そして第 2 章で紹介したさまざまな機械学習モデルを用いた時系列データの異常検知について紹介します。

1　時間窓の原理

最初に紹介する**スライド窓 k 近傍法**は、k 近傍法を応用した手法で、時系列データを解析する際に広く使われています。数式などを展開する前に、時系列データの特徴と時間窓の考えかたについて簡単に触れます。

図 3.38 は、時系列データと非時系列データの構造を表した模式図です。時系列

データは時間軸に沿って測定されるので、1時刻かつ1変数に対して取りうる値は一つだけです。また、時間は遡ることができないので、同じ時刻をもう一回サンプリングすることはできません。以上の理由から、時系列データでは、1時刻におけるデータ値の平均や分散を議論することは不可能です。

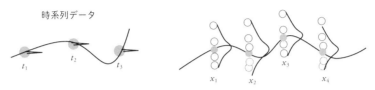

静的（非時系列）なデータ

時系列データ

図 3.38　時系列と静的（非時系列）データとの比較

それに対して、静的なデータ（非時系列データ）の場合は、図 3.38 に示すように、x_1 という変数の値を何回でも取ることができます。取った値は正規分布と近似したり、分散などを議論することができます。

静的なデータに対してマハラノビス距離の計算や回帰分析などを行う方法については、前章で説明しました。それでは、時系列データに対して距離の算出や回帰分析などを行う際は、どうすればよいのでしょうか。

解決策としては、時間方向でサンプルの平均や分散、分布のモデルを仮定するしかありません。この仮定のしかたは、**時間窓法**に由来します。**図 3.39** は、最も簡単な時間窓法を示しています。

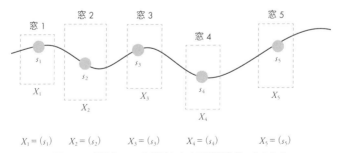

$X_1 = (s_1)$　$X_2 = (s_2)$　$X_3 = (s_3)$　$X_4 = (s_4)$　$X_5 = (s_5)$

図 3.39　時間窓 $s=1$ を利用した時系列訓練データの作成

同図では、5つの時系列のデータに対して、それぞれ時間窓を付けました。時間窓の幅は1としているので、5個のサンプルは5個の時間窓に対応します。時

間窓に入っているサンプルは、時系列データを解析するための基本ユニットとなります。

　図 3.39 では最も簡単な時間窓法を示しましたが、実際のデータで時間窓法を使用する場合は、時系列データの特徴を反映するために、時間窓の幅を 1 より大きい数字に設定することが効果的です。**図 3.40** は、時間窓の幅を「3」に設定したときの模式図です。

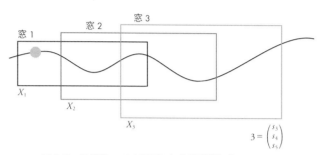

図 3.40　時間窓 $s=3$ を利用した時系列訓練データの作成

　同図からわかるように、データ構造や時間窓の中身が、幅 1 のときと比較して複雑になっています。図 3.40 の窓幅は 3 なので、最終的に得られる時間窓数は、計算上 3 となります。時間窓数 N と時間窓幅 w、そして時系列データの総数 T の間には、以下の関係式が成立することが知られています。

$$N = T - w + 1 \tag{71}$$

　さらに、時間窓に入ってくるサンプル数は 3 個なので、時間窓サンプルデータ X はベクトル表記になります。このことは、計算の際に、とくに注意を払う必要があります。実際に解析を行う際には、もとの時系列データ $\{s_1, s_2, s_3, s_4, s_5\}$ という 5 個のデータを使用するのではなく、3 個の時間窓データ $\{X_1, X_2, X_3\}$ を使用することになります。ただし、問題に応じて最適な時間窓の幅があるので、w をハイパーパラメータとしてチューニングする必要があります。もう 1 回強調しますが、時間窓データ $\{X_1, X_2, X_3\}$ は決して静止データとなっていないので、静的なデータのように、X_1, X_2, X_3 同士の順番を変えたり、前後させることはできません。時間窓データ X は相変わらず時系列データなのです。

以上で、前提知識の説明は終わりです。これから例題を通して、時間窓を導入したk近傍法による異常検知について説明します。

2 時間窓を利用したスライド窓k近傍法

最初に、スライド窓k近傍法を用いた異常検知について紹介します。**図 3.41**は、それぞれ $k=1$ と $k>1$ の概念図を示しています。

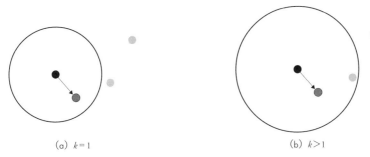

(a) $k=1$　　　　　　　　(b) $k>1$

図 3.41　時間窓を利用したスライド窓k近傍法の模式図

時間窓を利用したk近傍法の実施手順は、第2章で説明したk近傍法の実施手順と同じです。

◆ **STEP 1　サンプルを作成する**

時間窓幅 w を決め、時間窓幅サンプル $X \in \{X_1, X_2, X_3...X_t....X_N\}$ を作成します。

◆ **STEP 2　サンプルとの距離を計算する**

時間窓サンプル $X \in \{X_1, X_2, X_3...X_t....X_N\}$ に、それぞれのサンプル X_t に対して、ほかのすべてのサンプルとの距離 d を計算します。たとえばサンプル X_1 の場合、以下のように、ほかのすべてのサンプルとの距離を求めます。

$$d \in \{ d_1 = \|X_1 - X_2\|, d_2 = \|X_1 - X_3\|, ..., d_t = \|X_1 - X_t\|...d_N = \|X_1 - X_N\| \} \quad (72)$$

異常度を算出します。もし図 3.41 のように $k=1$ と設定する場合は、STEP 2 で計算した d_N 個の距離から、最小値 d_{min} をサンプル X_1 の異常度として定義します。

$$\alpha(X_1) = d_{min} \tag{73}$$

もし $k=2$ と設定する場合は、サンプル X_1 との距離最小値と 2 番目の最小値の平均として、異常度を以下のように定義します。

$$\alpha(X_1) = mean\{ d_{min\,1}, d_{min2} \} \tag{74}$$

さらに、一般的に、任意の k 値における k 近傍法を用いた異常度の定義は以下となります。

$$\alpha(X_1) = mean\{ d_{\min\_1}, d_{\min\_2}, ..., d_{\min\_k} \} \tag{75}$$

◆ STEP 4　異常部位を判断する

異常部位は、異常度の大きさで決めるのが一般的です。最大値をもつ異常度のサンプルの場所は、異常部位と判断できます。**リスト 3.27** に、サンプルコードを示します。コードの **embed 関数**は、データの作成において重要な役割を果たしています。**図 3.42** は embed 関数を実行した結果を示しています。訓練データの数を 4,000 にして、スライド窓幅を 10 にした場合、もともと 1 次元の時系列データから $[4000 \times 10]$ の 2 次元行列が得られます。

リスト 3.27　時間窓を利用したスライド窓 k 近傍法（discord_knn.py）

```
20   train = embed(train_data, width)
21   test = embed(test_data, width)
22   neigh = NearestNeighbors(n_neighbors = nk)
23   neigh.fit(train)
24   d = neigh.kneighbors(test)[0]
25   d = np.mean(d, axis = 1)
26   mx = np.max(d)
```

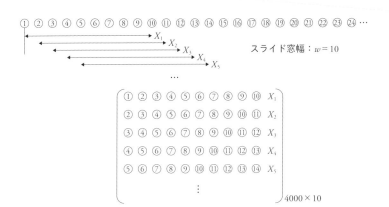

スライド窓幅：$w = 10$

図 3.42　embed 関数の実行内容の模式図

　最後に、実際のデータを通して k 近傍法による異常検知について説明します。ベンチマーク解析用のデータは、前節と同じ ECG データを使用します。**図 3.43** は、上記データの一部をプロットした結果です。

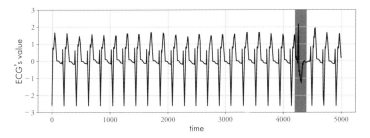

図 3.43　ECG データの一部を図示した結果

　グラフのとおり、このデータは周期性をもっています。そして、時刻 4,250 あたりで周期性が崩壊していることから、異常が発生していることが目視でわかります。時間窓幅を $w = 1, w = 50$ の 2 種類に設定し、k 近傍法による異常検知を行った結果を、**図 3.44** に示します。ここでは、訓練データとして 2,000 データを使用し、テストデータとして 4,000 データを使用しました。

第3章　時系列データにおける異常検知

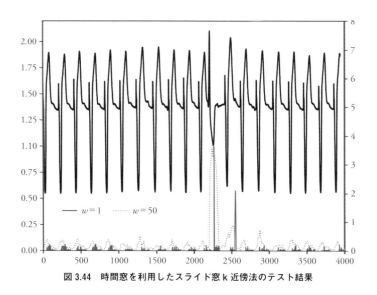

図 3.44　時間窓を利用したスライド窓 k 近傍法のテスト結果

　同図からわかるように、時間窓幅を少なくした場合は、2 か所の異常部位が顕著に検出されています。時間窓幅を増やすにつれ、真の「異常部位」の異常度が著しく上がり、もう 1 か所の異常度が下がっていくことがわかります。時間窓幅を調整することによって、k 近傍法で異常部位を検出できるようになりました。ただし、ハイパーパラメータの設定によっては検出部位にずれが生じるので、注意を払う必要があります。

　図 3.44 から、k 近傍法は優れた異常検知機能をもつことがわかります。その理由は、あるデータ点とすべてのデータ点の距離を考慮して、近傍の最短距離をもつデータを決めているからです。「近傍法」という名前が付けられていますが、決して近傍のデータしか計算しないという手法ではありません。この点に関しては前節の自己回帰と大きく異なります。

　以上、k 近傍法の時間窓幅 w について検討しました。次に、k 近傍法による異常検知の k 値による解析の影響を検証します。

　図 3.45 に示すように、近傍点の数が増えることによって、元データの特徴が平均化され、局所の特徴が取りにくくなり、大域の特徴が現れます。今回取り上げた ECG データの場合は、局所の特徴を除けば、広域に渡ってデータがほとんど同じパターンで繰り返されています。そのため、k 近傍点が増えることで、各データにおいて算出された異常度の値が同一になり、異常部位の検出ができなくなり

ます。k 近傍法を正しく使うためには、これらのハイパーパラメータを最適化してから実行するのがおすすめです。

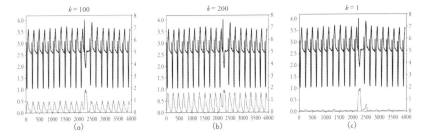

図 3.45 時間窓を利用したスライド窓 K 近傍法における k 近傍点数の影響 (a, b) と移動平均を利用した前処理の効果 (c)

　最後に、**図 3.45**(c) に、異常部位の異常度をさらに増強する手法の効果を紹介します。k 近傍法を使う際に、データの前処理として、移動平均というデータのスムージング手法を応用します。それによって距離のばらつきは抑えられ、異常部位の異常度が周辺の正常部位より数桁上がる効果が得られます。非常にノイジーなリアルデータにおける異常検知では、データの前処理をきちんと行うことが、正しい解析のために欠かせない手順の 1 つです。

3　時間窓を利用した特異スペクトル変換法

　さきほど、スライド窓を利用して時間窓データ $\{X_1, X_2, X_3...\}$ を作成することができると紹介しました。図 3.42 からわかるように、embed 関数を使って作成した時系列データは行列の形になっています。k 近傍法の場合は、この行列の行の情報だけ利用して、ある行 i と以外の行 $j(j \neq i)$ の距離 d_{ij} を計算し、異常度の尺度として使用しました。ここで紹介する特異スペクトル変換法は、embed 関数で作成された時系列データを行列として扱い、行列の特異値と特異スペクトルを利用して異常度を定義する手法です。ここでは、その原理を実行するコードとともに概略的に紹介します。さらに詳しい情報は、もともとこの手法が考案された文献 [33] に譲ります。

　リスト 3.28 は時間窓を利用した特異スペクトル変換法のコードの一部、**図** 3.46 は同手法の模式図を示しています。

```
30   for s in range(l + w-1, T-d):
31       H1 = embed(data[s-w-l + 1:s].values, w).T
32       Htest = embed(data[s-w-l + 1 + d:s + d].values, w).T
33       U1 =  np.linalg.svd(H1)[0]
34       U2 =  np.linalg.svd(Htest)[0]
35       e  = np.linalg.svd(np.dot(U1[:, 0:m].T , U2[:, 0:m]))[1]
36       ab = e[0]
37       print ('e', e)
38       abnorm[s] = (1 - ab*ab)*2000
```

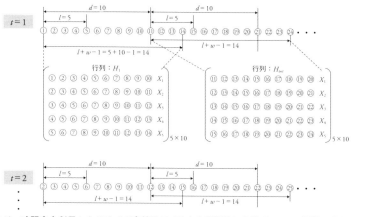

図 3.46　時間窓を利用したスライド窓特異スペクトル変換法における embed 関数の実行内容

　特異スペクトル法は前節で紹介した k 近傍法と同じ embed 関数を使用してい
ます。違いは 2 箇所あります。

k 近傍法との違い①

　k 近傍法では、embed 関数で作成した行列が全訓練データ数×時間窓幅の次元
（図 3.42 では 4000×10）をもつことに対して、特異スペクトル変換法では、部分訓
練データ（履歴）×時間窓幅の次元（図 3.47 では、$H_{5 \times 10}$）をもつ行列 H となりま
す。開始点を一つずつずらして、訓練データ数と同じ個数分の $H_{5 \times 10}$ を作成しま
す。図 3.46 では、①②③④⑤→②③④⑤⑥→③④⑤⑥⑦のように、訓練データ数
が 4,000 個であれば、4,000 個の $H_{5 \times 10}$ を作成することになります。

k 近傍法との違い②

テスト行列 H_{test} という、新たな行列を定義します。相違点①では、行列 H を作成するために開始点を一つずつずらして $H_{5\times10}$ を作成したのに対して、テスト行列 $H_{test, 5\times10}$ は開始点を d 個ずつずらして作成されています。図 3.46 の例では、時間がステップ $t=1 \rightarrow t=2 \rightarrow t=3...$ に従って進むにつれ、①②③④⑤→⑪⑫⑬⑭⑮→⑫⑬⑭⑮⑯のような $H_{test, 5\times10}$ が作成されています。

特異スペクトルの異常度の定義は、行列 H とテスト行列 H_{test} の類似度を使用します。具体的には、行列の特異値分解 [33] という性質を利用して類似度を定義しています。たとえば、次のように、直交行列 $M_{5\times10}$ の転置行列 $M_{5\times10}{}^T$ と直交行列 $M_{5\times10}$ の積で定義されている行列 $A_{10\times10}$ があるとします。

$$A_{10\times10} = M_{5\times10}{}^T M_{5\times10} \tag{76}$$

この $A_{10\times10}$ に対して V（直交行列）、Σ（対角行列）、U（直交行列）という 3 つの行列への分解を施すと、次のようになります。

$$A_{10\times10} = V\Sigma U = M_{5\times10}{}^T \Sigma_{5\times5} M_{5\times10} \tag{77}$$

また、特異値行列 $\Sigma_{5\times5}$ は単位行列となります。

$$\Sigma_{5\times5} = \begin{pmatrix} 1 & & \\ & 1 & \\ & & ... \end{pmatrix} = I \tag{78}$$

ここで、もし、$A_{10\times10}$ が $M_{5\times10}$ の転置行列 $M_{5\times10}{}^T$ と異なる行列 $M_{test, 5\times10}$ の積で定義される場合、次のようになります。

$$A_{10\times10} = M_{5\times10}{}^T M_{test, 5\times10} \tag{79}$$

この $A_{10\times10}$ に対して、さきほどと同じように特異値分解を施します。

$$A_{10\times10} = V\Sigma U = M_{5\times10}{}^T \Sigma_{5\times5} M_{test, 5\times10} \tag{80}$$

特異値行列 $\Sigma_{5\times5}$ は、単位行列にはなりません。

$$\Sigma_{5\times5} = \begin{pmatrix} \sigma_1 & & \\ & \sigma_2 & \\ & & ... \end{pmatrix} \neq I \tag{81}$$

また、証明は省略しますが、$\Sigma_{5\times5}$ の要素 σ の値は A の固有値の平方根となり、数値 1 より小さくなります。誤差関数とのつながりから、式 (78) の単位行列 I を正解とみなせば、異常度は正解との誤差から定義することができます。ただし、式 (80) は複数個の特異値をもつので、文献 [33] で紹介した複数個の特異値のなかの最大特異値である σ_1 を用いて、以下のように異常度を計算します。

$$\alpha = 1 - \sigma_1^2 \tag{82}$$

説明に出てきた直交行列 M と M_{test} は、それぞれ図 3.46 に示した行列 H と行列 H_{test} の特異値分解した特異スペクトルと、以下のように対応しています。

$$H = MDS^* \tag{83}$$
$$H_{test} = M_{test}GT^*$$

Python には、特異値分解を行うモジュールがあります。np.linalg.svd(H) と np.linalg.svd(H_{test}) のように行列を指定するだけで、直交行列 M, S, M_{test}, T と対角行列 D, G が簡単に求められます。また、直交行列 M の全列（例では 10 列）を使うことはほとんどなく、最初の m 列目までを使って計算することが多いです。異常度の計算に必要な σ_1 は M^T と M_{test} を用い、np.linalg.svd($M^T M_{test}$) に代入し実行するだけで、取り出すことができます。具体的な手順は GitHub にあるコードを参照ください。

最後に、特異スペクトル変換法による解析結果を示します。時間窓幅 w と履歴 l と予測開始値に関わる m などのハイパーパラメータをうまく選べば、正しい異常検知ができることが**図 3.47** からわかります。ただし、これらのパラメータは、うまく選ばないと異常信号が検出できないことがあります。パラメータの値を変えながらコードを実行して検証することをおすすめします。

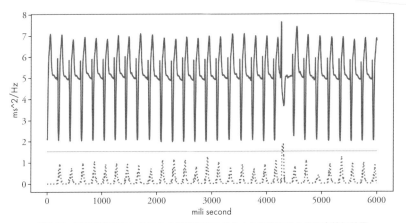

図 3.47　時間窓を利用したスライド窓特異スペクトル変換法による異常検知結果

4　一般的な機械学習の手法

　最後に、一般的な機械学習手法による時系列データの異常検知について説明します。スペースの都合上、ランダムフォレストを代表する決定木手法を例として取り上げ、簡単に説明します。ほかの手法も、予測モデルを構築して第2章で提示した異常度を算出すれば、類似の手順で解析することができます。

　まず、ランダムフォレストにおける異常度を定義します。誤差関数から異常度の定義を採用するので、異常度 α の式は以下となります。X_i は入力データで、$\tilde{h}(X_i; \theta)$ は入力データ X_i に対する予測値です。

$$\alpha_i = \left| X_i - \tilde{h}(X_i; \theta) \right| \tag{84}$$

　リスト 3.29 は、ランダムフォレストの実行コードの一部を示しています。訓練データ 2,000 個、テストデータ 4,000 個を用いて検証を行いました。また、機械学習の予測機能を実現するために、自己回帰モデルと同様に入力データにタイムラグを付けました。1 時刻前のデータ X_{i-1}、2 時刻前のデータ X_{i-2}、そして 3 時刻前のデータ X_{i-3} という 3 種類のデータを使って、目標値である Y_i を、次の式のように予測しました。

リスト 3.29　ランダムフォレストを用いた時系列データの異常検知（discord_randomforest.py）

```
25   df_discord['lag1'] = df_discord['volume'].shift(1)
26   df_discord['lag2'] = df_discord['volume'].shift(2)
27   df_discord['lag3'] = df_discord['volume'].shift(3)
28
29   df_discord = df_discord.dropna()
30   X_train = df_discord[['lag1', 'lag2', 'lag3']][:2000].values
31   X_test = df_discord[['lag1', 'lag2', 'lag3']][2000:].values
32   y_train = df_discord['volume'][:2000].values
33   y_test = df_discord['volume'][2000:].values
34   #r_forest return to dataframe
35   def dat_df(data,start,end,name ="predict"):
36     datas =[i for i in data]
37     index = [i for i in range(start, end + 1)]
38     return pd.DataFrame(datas, index = index)
39   from sklearn.ensemble import RandomForestRegressor
40   r_forest = RandomForestRegressor(
41       n_estimators = 20,
42       criterion = 'mse',
43       random_state = 1,
44       n_jobs =-1
45   )
46
47   r_forest.fit(X_train, y_train)
48   y_train_pred = np.array(r_forest.predict(X_train))
49   y_train = dat_df(y_train_pred,1,2000)
50   y_test_pred = np.array(r_forest.predict(X_test))
51   y_test = dat_df(y_test_pred,2000,5995)
52   t_pred = pd.concat([y_train,y_test]).shift(6)
53   np.set_printoptions(threshold = np.inf)
54   print (y_train)
```

$$Y_i = \widetilde{h}(X_{i-1}; X_{i-2}; X_{i-3}; \theta) \tag{85}$$

図 3.48 は、以前解析データとして取り上げた ECG データについて、標準的な
ランダムフォレストを用いて解析した結果を示しています。この結果をみると、

統計解析の手法である ARMA モデルによる回帰結果とは異なる箇所があります。とくに異常部位の回帰に関しては、全体の特徴に沿った形で回帰ができていて、ARMA のように異常値に追従する現象はなくなりました。式(84)で計算した異常度は、図 3.48 の下段に示しています。異常部位にあたる箇所は、ほかのデータで計算した異常度が著しく高いことがわかります。

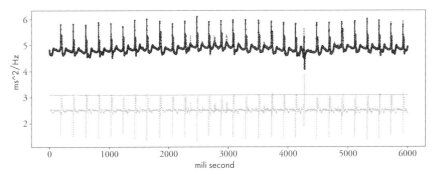

図 3.48　ランダムフォレストを利用した時系列データ異常検知結果

　以上の結果から、ランダムフォレストは異常検知に適用できているといえます。また、ランダムフォレストが応用できるということは、派生手法である、AdaBoost・勾配ブースティングのようなアンサンブル手法も異常検知に応用できると考えられます。ほかにも、線形回帰や SVR も時系列データに対する異常検知に応用可能です。これらの手法による解析結果を、まとめて**図 3.49** に示します。

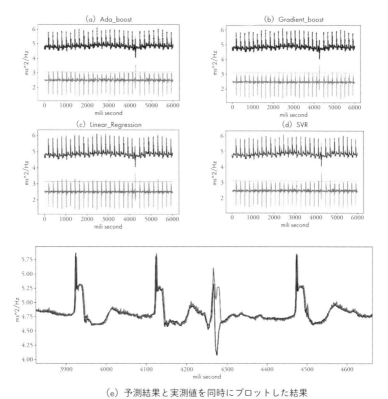

（e）予測結果と実測値を同時にプロットした結果

図 3.49　ECG データに対する異常検知の結果

　結果からわかるように、これらの手法は、ランダムフォレストとほぼ同じレベルで異常検知ができています。このことは、機械学習の予測手法が大域における予測能力をもつことを示唆しています。

　ただし、図 3.49（e）に示すように、異常部位の前後において予測値と実測値の範囲を拡大してプロットすると、相変わらず、予測値は実測値をラグして複製されていることがわかります。ただし、実際の異常部位では、これまでの自己回帰モデルのように異常信号を複製することなく大域の予測機能が働いているので、異常信号とは随分違う予測値が出力されていることが 4,280 ms 付近の結果からわかります。この違いこそが、実測と予測値の差分を取ったところで、この領域でほかの時間領域とは違う値が出力され、異常検知が成功する鍵となっています。

深層学習による異常検知

　近年、画像認識や音声認識の分野で、深層学習が前人未到の識別精度を達成しています。これらの成功事例を受けて、さまざまな分野において、深層学習を応用した新しい解析手法が研究されています[49]。

　本章では、まず、現在の主流である深層学習モデル（AutoEncoder[27], GAN[50], RNN-LSTM[51]）による異常検知を、深層学習フレームワークを用いて例示します。そののち、表面検査・故障診断・欠陥予測という3つの分野における最新鋭の応用事例を、文献をもとに紹介します。

　なお、本章では、深層学習の手法と応用事例とを絡めて説明することに主眼を置きます。各手法それぞれに関する数学的な背景や式の導出は、第1章の関連内容、および参考文献に譲ります。原理や理論を詳しく知りたい方は、そちらを参照してください。

4.1

深層学習フレームワーク ReNom を用いた異常検知

1 ｜ seq2seq を用いた人工データに対する異常検知

　まず、再構成性能により画像データの異常検知を行う方法を紹介します。異常検知の原理は第 2 章ですでに説明していますが、今回は、系列・時系列データの再構成則を学習する点が第 2 章とは異なります。

　さて、ニューラルネットワークにより再構成則を学習する場合は、よく Encoder と Decoder を用意します。Encoder はデータの特徴ベクトルを計算し、Decoder は特徴ベクトルからもとのデータの再構成を行います。画像データの場合は、この Encoder-Decoder モデルを **AutoEncoder** とよびます [27]。一方で、系列データの場合は **seq2seq** モデルとよびます [52]。今回の例では系列データを扱うため、seq2seq モデルを用います。seq2seq モデルの詳細は「seq2seq による日英機械翻訳[1]」に記載があります。

　図 4.1 のように、ニューラルネットワークにより再構成則を学習し、再構成性能から異常検知を行います。Encoder-Decoder 双方で LSTM を使用します。また、LSTM の隠れ層の値を全結合ニューラルネットワークに通すことで、系列データの再構成を行います。非常に複雑な構造になっているので、ここでは株式会社グリッドが開発したフレームワーク **ReNom** [53] を使用して、深層学習用ニューラルネットワークの学習モデルを構築します。また、これから紹介するすべての結果を再現するためには、事前に ReNom をインストールする必要があります。ReNom のインストール方法は、http://renom.jp/ にアクセスし、そちらに記載されている手順を参照してください。

---

[1]　https://www.renom.jp/ja/notebooks/tutorial/time_series/jp-en_nmt_seq2seq/notebook.html

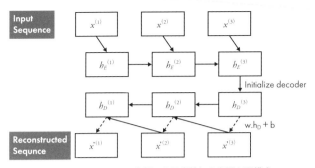

図 4.1　AutoEncoder を用いた異常検知の学習と再構成

◈ STEP 1　人工データの生成

　まずは、人工的に生成したデータに対して異常検知を行います。データは sin 波により、**図 4.2** のように構成されます。この人工データにおいて、時刻 200〜400 で異常が生じていることがわかります。

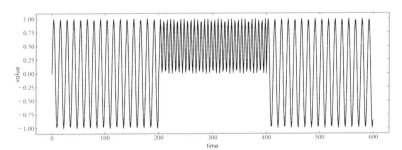

図 4.2　人工的に生成した sin 波データ

◈ STEP 2　データの前処理

　訓練用に、時刻 0 から 200 までの正常データの部分列を作成します。今回は、系列長を L と表記し、$L=5$ としました。作成した部分列を、訓練用とテスト用に分けるまでの作業が、**リスト 4.1** のプログラムで実行されます。

```
35  # データの前処理
36  L = 5 # length of series data
37  def create_subseq(ts, stride):
38      sub_seq = []
39      for i in range(0, len(ts), stride):
40          if len(ts[i:i + L]) == L:
41              sub_seq.append(ts[i:i + L])
42      return sub_seq
43  sub_seq = create_subseq(normal_data, 2)
44  X_train, X_test = train_test_split(sub_seq, test_size = 0.2)
45  X_train, X_test = np.array(X_train).astype(np.float32),
46                    np.array(X_test).astype(np.float32)
47  train_size, test_size = X_train.shape[0], X_test.shape[0]
```

◆ STEP 3　再構成則の学習

　以上で、データセットの準備ができました。続いて、ニューラルネットワークの学習へ移りましょう。ハイパーパラメータmとcは、系列データの次元と LSTM の隠れ層の次元をそれぞれ表します。今回はわかりやすくするため 1 次元の系列データを扱いますが、より高次元の系列データに対しても異常検知は可能です。よって、系列データの次元は $m=1$、LSTM の隠れ層の次元は $c=2$ としました。

リスト 4.2　再構成則の学習（AutoEncoder.py）

```
101  optimizer = Adam()
102  enc_dec = EncDecAD()
103  #Autoencoder学習
104  epoch = 0
105  learning_curve, test_curve = [], []
106  while(epoch < max_epoch):
107      epoch += 1
108      perm = np.random.permutation(train_size)
109      train_loss = 0
110      for i in range(train_size // batch_size):
111          train_data = X_train[perm[i*batch_size : (i + 1)*batch_size]]
```

```
112    # Forward propagation
113        with enc_dec.train():
114            loss, _ = enc_dec.forward(train_data, train = True)
115        enc_dec.truncate()
116        loss.grad().update(optimizer)
117        train_loss += loss.as_ndarray()
```

　次に、ネットワークを定義します。Decoder は系列の後ろから予測を行うこと
に注意してください。バッチサイズは 16 で、最適化手法は Adam により 2,000
エポックで学習を行います。**図 4.3** から学習曲線とテスト曲線が、どちらも 0 に
収束していることが確認できます。また学習データと予測データを同時にプロッ
トし、学習データの定常性を確認します。**図 4.4** で示している結果から、時刻 50
から 150 までは、学習データと予測データにおいて、ほぼ同じ時間にピークが現
れていることが確認でき、定常性があることがわかります。

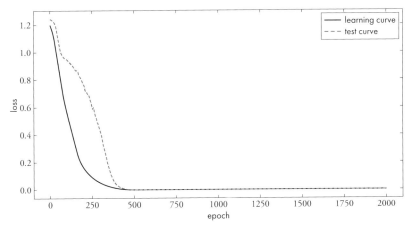

図 4.3　学習曲線とテスト曲線①

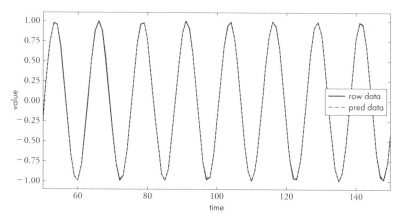

図 4.4　予測値と実測値との比較

◆ STEP 4　異常度の定義

以上で再構成則の学習が完了しました。本章の冒頭で「再構成性能により異常検知を行う」と述べましたが、具体的に異常度の定義をします。異常度は、正規分布へフィッティングした再構成誤差

$$e = |x_{original} - x_{reconstruction}|$$ (1)

のマハラノビス距離と定義します。こちらは前章の LSTM による時系列データの異常検知と同様ですので、コードは省略します。

◆ STEP 5　閾値の設定と異常検知の実行

続いて、閾値を設定します。今回も分位点法を用います。人工データは全データ数が 600 なので、そのうち 3% が異常データとすると、18 個のデータが異常データとなります。マハラノビス距離による異常度を計算すると、閾値は 5256 となります。**リスト 4.3** は、マハラノビス距離を求めて異常検知を実行するコードの一部を抜粋して載せています。

リスト 4.3　異常検知の実行（AutoEncoder.py）

```
425   # マハラノビス距離を計算
426   def Mahala_distantce(x,mean,cov):
427       return (x - mean)**2 / cov
```

```
428    # 異常検知を実行
429    ecg_data = create_subseq(ecg[3000:5000], L)
430    ecg_data = np.array(ecg_data).astype(np.float32)
431    _, reconst_seq = enc_dec.forward(ecg_data, train = False)
432    errors = np.abs(ecg_data - reconst_seq)
433    enc_dec.truncate()
434    mahala_dist = []
435    for e in errors:
436        mahala_dist.append(Mahala_distantce(e, mean, cov))
```

最後に、異常度の可視化を行います。今回もマハラノビス距離のグラフに、閾値を直線として一緒にプロットしています（**図 4.5**）。人工データにおいて、高い異常値を示す箇所が閾値よりも高くなっていることが確認されました。

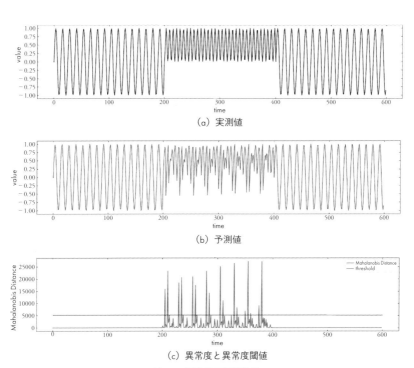

(a) 実測値

(b) 予測値

(c) 異常度と異常度閾値

図 4.5　異常度の可視化①

2 ｜ seq2seq を用いた心電図データに対する異常検知

今回紹介した seq2seq モデルが、ほかのデータに対しても有効性をもつかどうか検証しましょう。例として、3.5 節で使用した心電図 ECG データを今回の学習モデルに適用します。

◆ STEP 1　学習とテスト

さきほどと同様に、seq2seq モデルを用いて学習していきます。**図 4.6** は学習曲線とテスト曲線、**図 4.7** は予測値と実測値を表したものです。図 4.6 から、学習曲線の収束が確認できました。

心電図の値が高いピークは、学習データにおけるピークと時刻にわずかなズレがあるものが多いですが、値が低いピークは、学習データと予測データとが重なる箇所が多くなります。この結果から、AutoEncoder は、定常性をもたないデータに対してもある程度学習できることが示唆されます。

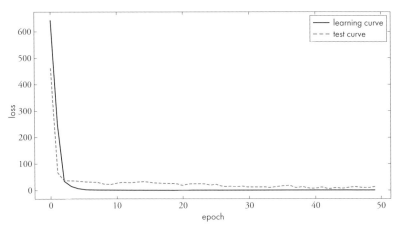

図 4.6　学習曲線とテスト曲線②

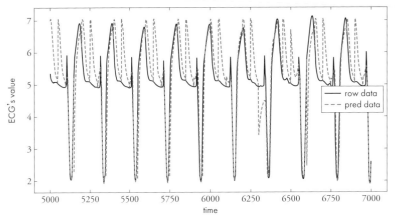

図 4.7　予測値と実測値の比較

◈ **STEP 2　異常度の可視化**

　異常度を計算し、可視化を行いましょう。異常検知を行うデータは、もとのデータの時刻 3,000 から 5,000 までの区間のデータとします。そのため全データ数は 2,000 となります。そのうち 3% が異常データとすると、60 個が異常データとなります。マハラノビス距離による異常度を計算すると、閾値は 5.75 となります。可視化の結果（**図 4.8**）から、閾値を超えて高い異常値を示す箇所があることがわかります。よって、心電図データにおいても、今回の異常検知手法は有効に働くことが確認されました。

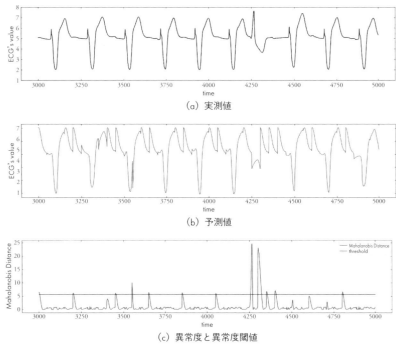

（a）実測値

（b）予測値

（c）異常度と異常度閾値

図 4.8　異常度の可視化②

◆ STEP 3　まとめと考察

　人工データ、心電図データともに、異常部分では異常度が高い値を取ることが確認されました。今回は両データにおいて異常検知が動作しましたが、心電図データに関しては、学習の結果によっては動作しない場合もあります。原因は、心電図データの鋭いピークと考えられます。

　再構成性能が高くても、変化が少しずれることはあります。緩やかな変化の場合は問題ありませんが、鋭いピークの場合は、少しでもピーク位置がずれるとオリジナルデータと再構成データに大きな差分が生まれ、異常度が高くなります。したがって、正常な周期に鋭いピークが含まれる場合は、慎重に異常検知を運用する必要があります。

3 | 生成モデル anoGAN を用いた画像データに対する異常検知

anoGAN は、最初に提案された GAN による異常検知手法であり、その後、計算量面などから改良された類似の手法も提案されています[54]。しかし、基礎となるアイデアはすべて同じです。

anoGAN は、「画像の再構成可能性に基づいて異常度を定義する手法」ともいえます。つまり、もとの画像と探索された潜在変数により、再構成された画像の差分を取ることで、異常が発生した可能性が高い部位の確認が可能になります。異常検知だけでなく異常部位検出もできるため、anoGAN は応用上の要請にも応えうる手法だと考えられます。例を用いて解析手順を説明していきます。

画像データ $I_m \in \mathbb{R}^{a \times b}(m=1, \cdots M)$ が与えられたとします。このとき、I_m から、K 個のパッチ $x=x_{m,k} \in \mathbb{R}^{c \times c}(k=1, \cdots K)$ を切り取ります。この正常パッチで GAN を学習します。なお、a, b は画像、c は正常パッチのピクセルサイズです。

◈ STEP 1　データセットの取得

今回は、手書き数字のデータセットである「MNIST」を正常データ、ファッション写真のデータセットである「Fashion MNIST」を異常データとします。以下の URL から箇条書きで示すものをダウンロードし、ディレクトリ「MNIST」「Fashion_MNIST」で解凍します。

MNIST：http://yann.lecun.com/exdb/mnist/
Fashion MNIST：https://github.com/zalandoresearch/fashion-mnist

- train-images-idx3-ubyte.gz
- train-labels-idx1-ubyte.gz
- t10k-images-idx3-ubyte.gz
- t10k-labels-idx1-ubyte.gz

◆ STEP 2　データの前処理

　学習の安定性や精度の向上のため、**リスト 4.4** の前処理を施します。今回は画像も比較的小さいためパッチに分割しませんが、問題に応じてパッチに分割しましょう。ピクセル値の区間を [0, 255] から [0, 1] へ変更します。

　ここで、MINST と Fashion-MNIST をそれぞれ可視化し、データのようすを確かめましょう（**図 4.9**）。ただし、Fashion-MNIST の教師ラベルは、T-shirt/top や Sandal など 10 種類が存在します。これらを、それぞれ 0 から 9 までの数字のラベルに変換して使用しています。

リスト 4.4　データの前処理（anoGAN.ipynb）

```
24  # データの前処理
25  x_train = np.asarray(x_train).astype(np.float32)
26  y_train = np.asarray(y_train).astype(np.int32)
27  x_test = np.asarray(x_test).astype(np.float32)
28  y_test = np.asarray(y_test).astype(np.int32)
29  x_fashion = np.asarray(x_fashion).astype(np.float32)
30  y_fashion = np.asarray(y_fashion).astype(np.int32)
31
32  # 画像データを0〜1にリスケール
33  x_train = x_train.reshape(len(x_train), 1, 28, 28) / 255.0
34  x_test = x_test.reshape(len(x_test), 1, 28, 28) / 255.0
35  x_fashion = x_fashion.reshape(len(x_fashion), 1, 28, 28) / 255.0
```

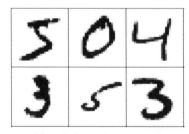

（a）正常データ（normal MNIST）　　　（b）異常データ（Fashion MNIST）

図 4.9　可視化されたデータセット

◆ STEP 3　anoGAN の学習

　ReNom を用いて GAN を使った学習モデルを構築しますが、今回は Generator と Discriminator それぞれのネットワークに、全結合層ではなく畳み込み層を用いる DCGAN を学習モデルとします。パラメータの最適化には Adam を使用します。このモデルで、通常の MNIST データを用いて学習を行います。ミニバッチのサイズは 128 で、200 epoch で学習させます。

　リスト 4.5 は、学習データを DCGAN に学習させるコードの一部です。DCGAN が MNIST データの生成分布を学習していることを確認するため、学習曲線と生成画像を表示しましょう。Generator が Discriminator を、うまく騙すように学習しているようすが観察できます（**図 4.10**）。

リスト 4.5　DCGAN の学習（anoGAN.py）

```
166    for epoch in trange(1, gan_epoch + 1):
167        perm = np.random.permutation(N)
168        total_loss_dis = 0
169        total_loss_gen = 0
170        total_acc_real = 0
171        total_acc_fake = 0
172
173        if epoch <= (gan_epoch - (gan_epoch//2)):
174            dis_opt._lr = lr1 - (lr1 - lr2) * epoch / (gan_epoch - (gan_epoch // 2))
175            gen_opt._lr = lr1 - (lr1 - lr2) * epoch / (gan_epoch - (gan_epoch // 2))
176
177        for i in range(N // batch_size):
178            index = perm[i*batch_size : (i + 1)*batch_size]
179            train_batch = x_train[index]
180            with gan.train():
181                dl = gan(train_batch)
182            with gan.gen.prevent_update():
183                dl = gan.dis_loss
184                dl.grad(detach_graph = False).update(dis_opt)
185            with gan.dis.prevent_update():
186                gl = gan.gen_loss
187                gl.grad().update(gen_opt)
```

```
188    real_acc = len(np.where(gan.prob_real.as_ndarray() >= 0.5)[0]) / batch_
       size
189    fake_acc = len(np.where(gan.prob_fake.as_ndarray() < 0.5)[0]) / batch_
       size
190    dis_loss_ = gan.dis_loss.as_ndarray()#[0]
191    gen_loss_ = gan.gen_loss.as_ndarray()#[0]
192    total_loss_dis += dis_loss_
193    total_loss_gen += gen_loss_
194    total_acc_real += real_acc
195    total_acc_fake += fake_acc
196  loss_curve_dis.append(total_loss_dis/(N//batch_size))
197  loss_curve_gen.append(total_loss_gen/(N//batch_size))
198  acc_curve_real.append(total_acc_real/(N//batch_size))
199  acc_curve_fake.append(total_acc_fake/(N//batch_size))
```

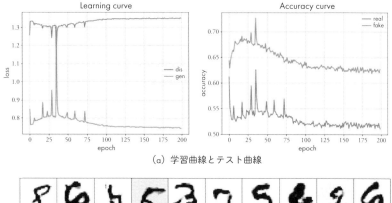

（a）学習曲線とテスト曲線

（b）生成モデルから生成した「偽」画像

図 4.10　anoGAN のによる学習

232

◆ STEP 4　誤差関数の導入

anoGAN では、「正常データならば、それに対応する潜在空間 Z のもとが存在する」という仮定の下で異常度を定義しています。G は正常データを生成するように学習されるので、異常データを発生するもとは、存在しても潜在空間中で圧倒的少数であることは妥当な仮定です。異常度を計算するために、次の 2 つの誤差関数を導入します。

Residual Loss $$L_R(z) = \sum_k \|x - G(z)\|_1 \tag{2}$$

Discrimination Loss $$L_D(z) = \sum_k \|f(x) - f(G(z))\|_1 \tag{3}$$

ただし、f は D の第一中間層の出力であり、feature matching という GAN の学習安定性のテクニックを参考にしています。画像 x に対応する潜在変数 z を求めるために、次の量を導入します。

$$L(z_\gamma) = (1 - \lambda)L_R(z_\gamma) + \lambda L_D(z_\gamma) \tag{4}$$

$L(z_\gamma)$ の最小化により G は画像 x に近い画像を生成できるため、対応する潜在変数が求まります。ただし、z_γ は反復法で γ ステップ後の潜在変数を表します。注意点は、最小化の対象は z_γ であり GAN のパラメータは固定であることです。Γ 回の更新後の値 z_Γ を用いて、異常度である $A(x) = (1 - \lambda)L_R(z_\Gamma) + \lambda L_D(z_\Gamma)$ を定義します。

◆ STEP 5　異常度の関数の設定

異常度を算出するため、Generator が所与のデータを生成する潜在変数を、勾配降下法で求めます。異常度の関数は画像リストからランダムに選んだ画像の異常度を計算します。$A(x)$ のハイパーパラメータ λ と Γ は、それぞれ $\lambda = 0.1$, $\Gamma = 200$ としています。**リスト 4.6** は、潜在変数を勾配降下法で求めるコードの一部です。

第4章

深層学習による異常検知

```
256    def Loss(x, z):
257        return (1-lam)*res_loss(x, z) + lam*dis_loss(x, z)
258
259    def numerical_diff(f, x, z):
260        with gan.train():
261            loss = f(x,z)
262            diff = loss.grad().get(z)
263        return np.array(diff)
264    def grad_descent(f, x, niter = Gamma):
265        z_gamma = rm.Variable(np.random.randn(dim_z).reshape((1, dim_z)).
                   astype(np.float32))
266        lr = 0.1
267        for _ in range(niter):
268            z_gamma -= lr*numerical_diff(Loss, x, z_gamma)
269        return z_gamma
```

◆ STEP 6　閾値の設定

　分位点法を用いて閾値を設定します。1,000 枚の正常な画像をランダムに選び、異常度を計算して閾値を決めることとします。1,000 枚のうち 3%が異常データだととすると、30 枚の画像データが異常データとなります。そして最後に、通常の MNIST と Fashion MNIST からそれぞれ 5 枚ずつランダムに選んだ画像の異常度を計算して比較すると、異常データは正常データの閾値よりも高い異常度を示すことがわかります（**図 4.11**）。

　ここで応用上問題となるのは、異常度の閾値の決定方法です。閾値の決定方法は各問題に大きく依存します。たとえば、病気を検知する場合は初期症状を見逃すわけにはいかず慎重にならざるを得ないため、閾値は消極的になります。一方で、今回のような正常・異常が混ざっているデータセットをざっくりと正常・異常に分けたいときは、もう少し積極的な閾値でよいかもしれません。

　本来はほかのデータに対しても有効であるかを検証する必要がありますが、スペースの都合上、ここでは省略します。

今回の異常データである Fashion-MNIST の異常度は、正常データである MNIST より平均的に大きくなることが数値実験を通じてわかりました。

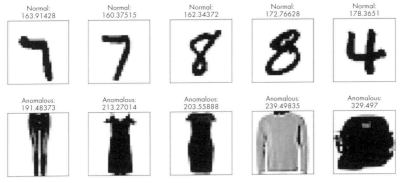

図 4.11　anoGAN による異常検知の結果検証

4 ｜ LSTM を用いた心電図データに対する異常検知

最後に、時系列データの異常検知を LSTM により行う手法を紹介します。LSTM を使用した学習モデルは、2015 年の論文 [51] で考案されたモデルです。

長さ d の時系列データから、次の l 個の観測値を予測する LSTM を学習します。**図 4.12** は、$d=2$, $l=1$ の場合です。M 次元時系列データ $\{x_1, \cdots, x_t\}$ を扱う場合、LSTM への入力は $\{x_{t-d+1}, \cdots, x_t\}$ であり、出力は予測された l 個のデータ $\{x_{t+1}, \cdots, x_{t+l}\}$ を結合した $M \times l$ 次元の列ベクトルです。

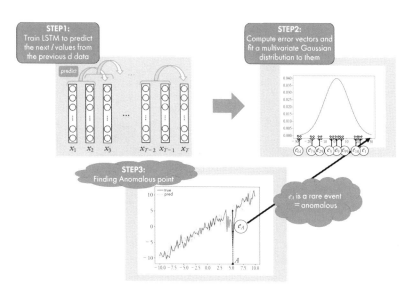

図 4.12　LSTM による異常検知モデルの構築

◆ STEP 1　データセットの取得

　今回も、心電図の ECG データを用いて検証を行います。LSTM は長さ d の時系列データから次の l 個を予測するので、与えられた時系列データから、指定の長さの部分列、および教師ラベルのセットを生成する関数を定義します。今回は $d=10$, $l=3$ としてデータセットを生成します。**リスト 4.7** は、データセットを生成するコードの一部です。

リスト 4.7　データセットの生成（LSTM.py）

```
50  # 時系列「ts」から「look_back」の長さのデータを作成します
51  def create_subseq(ts, look_back, pred_length):
52      sub_seq, next_values = [], []
53      for i in range(len(ts)-look_back-pred_length):
54          sub_seq.append(ts[i:i + look_back])
55          next_values.append(ts[i + look_back:i + look_back + pred_length].T[0])
56      return sub_seq, next_values
57
58  look_back = 10
59  pred_length = 3
```

```
60   sub_seq, next_values = create_subseq(normal_cycle, look_back, pred_length)
61   X_train, X_test, y_train, y_test = train_test_split(
62       sub_seq, next_values, test_size = 0.2)
```

◆ STEP 2　モデルの定義

ReNom を用いて、LSTM を使った学習モデルを定義します。パラメータの最適化には Adam を使用します。このモデルで、図 4.6 の学習データを用いて学習を行います。

各 epoch における学習データとテストデータの誤差関数の値をそれぞれプロットし、学習のようすを確認しましょう。**リスト** 4.8 は、学習データを LSTM に学習させるコードの一部です。

リスト 4.8　LSTM の学習（LSTM.py）

```
075   # モデルの定義、学習
076   model = rm.Sequential([
077       rm.Lstm(35),
078       rm.Relu(),
079       rm.Lstm(35),
080       rm.Relu(),
081       rm.Dense(pred_length)
082   ])
083
084   # パラメータ
085   batch_size = 100
086   max_epoch = 2000
087   period = 10 # early stopping checking period
088
089   optimizer = Adam()
090   epoch = 0
091   loss_prev = np.inf
092   learning_curve, test_curve = [], []
093   while(epoch < max_epoch):
094       epoch += 1
```

```
095    perm = np.random.permutation(train_size)
096    train_loss = 0
097    for i in range(train_size // batch_size):
098       batch_x = X_train[perm[i*batch_size:(i + 1)*batch_size]]
099       batch_y = y_train[perm[i*batch_size:(i + 1)*batch_size]]
100       l = 0
101       z = 0
102       with model.train():
103           for t in range(look_back):
104               z = model(batch_x[:,t])
105               l = rm.mse(z, batch_y)
106               model.truncate()
107           l.grad().update(optimizer)
108           train_loss += l.as_ndarray()
109       train_loss /= (train_size // batch_size)
110       learning_curve.append(train_loss)
```

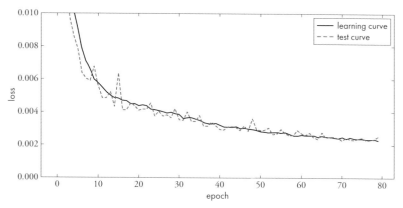

図 4.13　学習曲線とテスト曲線

　図 4.13 の学習曲線から、LSTM の学習が収束したことがわかります。最後に学習データの定常性を確認してみましょう。前章で説明したように、学習データと LSTM による予測データを同時にプロットしてみます（**図 4.14**）。次の結果は時刻 6,000 から 7,000 までの結果です。

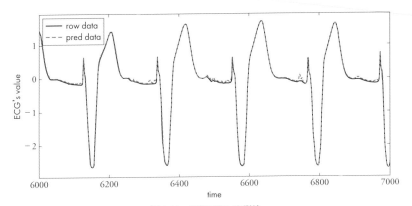

図 4.14　予測結果と実測値

図 4.14 をみると、学習データと予測データは、ほぼ同じ時間にピークが現れていることが確認でき、定常性があることがわかります。

◆ STEP 3　異常度の定義

続けて、テストデータから算出された誤差ベクトルを、正規分布にフィッティングしていきましょう。学習された LSTM を用いて、テストデータの予測を行い、誤差ベクトル e を算出します。

$$e = x_{true} - x_{pred} \tag{5}$$

ただし x_{true}, x_{pred} はそれぞれ観測値と予測値です。そして、テストデータにわたって算出された誤差 $\{e_1,...,e_N\}$ を最尤推定法により M 次元正規分布にフィッティングします。

◆ STEP 4　M次元正規分布へのフィッティング

正規分布の最尤推定量は、次のように求められることが知られています。

$$\widehat{\mu} = \frac{1}{N} \sum_{n=1}^{N} x^{(n)} \tag{6}$$

$$\widehat{\Sigma} = \frac{1}{N} \sum_{n=1}^{N} \left(x^{(n)} - \widehat{\mu} \right) \left(x^{(n)} - \widehat{\mu} \right)^{\mathrm{T}} \tag{7}$$

リスト 4.9 は、正規分布の最尤推定量である平均値と共分散の値を求めるコードの一部です。M 次元正規分布にフィッティングした最尤推定量の値は、異常度を求める際に使用します。

リスト 4.9　平均値と共分散の算出（LSTM.py）

```
189  # フィッティング
190  for t in range(look_back):
191      pred = model(X_test[:,t])
192  model.truncate()
193  errors = y_test - pred
194  mean = sum(errors)/len(errors)
195  cov = 0
196  for e in errors:
197      cov += np.dot((e-mean).reshape(len(e), 1), (e-mean).reshape(1, len(e)))
198  cov / = len(errors)
```

◆ STEP 5　閾値の設定

異常が発生したと思われる点の誤差ベクトルを計算し、それが STEP 3 で推測した正規分布の裾に位置すれば、異常と結論付けます。たとえば、図 4.12 の STEP 3 のように、点 A で発生した異常を検知したいとします。その場合は、点 A での誤差ベクトルが正規分布の裾に位置すれば、偶然そのような誤差が生じるとは考えづらいため、異常が生じた可能性が高いと結論づけます。異常度は第 2 章で紹介したマハラノビス距離で算出します。

◆ STEP 6　異常検知の実行

未知のデータに対して、異常検知が有効に働くかを検証します。まず、同様に ECG データ全体から部分列を生成し、それぞれに対して予測を行い、誤差ベクトルを得ます。リスト 4.10 は、マハラノビス距離を求めて異常検知を実行するコードの一部です。

```
206  # マハラノビス距離を計算する
207  def Mahala_distantce(x,mean,cov):
208      d = np.dot(x-mean,np.linalg.inv(cov))
209      d = np.dot(d, (x-mean).T)
210      return d
211  # 異常検知を実行する
212  sub_seq, next_values = create_subseq(std_ecg[:5000], look_back, pred_
     length)
213  sub_seq = np.array(sub_seq)
214  next_values = np.array(next_values)
215  for t in range(look_back):
216      pred = model(sub_seq[:,t])
217  model.truncate()
218  errors = next_values - pred
```

　次に、それぞれの誤差ベクトルのマハラノビス距離を算出し、対応する ECG データとともにプロットします（**図 4.15**）。さらに、前章で説明したように、分位点法を用いて異常度の閾値を設定します。今回も全データの 3% を異常データ数の上限とすると、異常データは 150 個になります。異常度を求めると、32 が閾値となり、32 以上が異常データとなります。閾値も直線でプロットします。

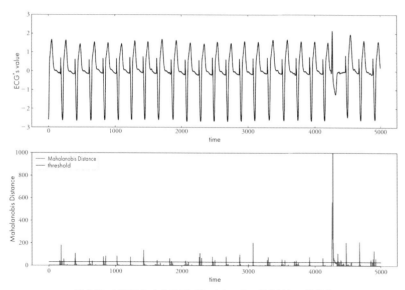

図 4.15　LSTM による ECG データセットの異常検知の異常度

図 4.15 から、異常度の指標であるマハラノビス距離が、時刻 4,250 あたりで大きな値を取っていることがわかります。つまり、異常を検知できたことになります。

本来はほかのデータに対しても有効であるかを検証する必要がありますが、ここでは省略します。以上、LSTM による異常検知アルゴリズムを説明しました。実験で示したとおり、データの異常を確率分布における希少性で定義することで、異常点を見つけることができました。

4.2

深層学習による異常検知の応用事例

　前節では、深層学習フレームワーク ReNom を用いて、代表的な深層学習の手法による異常検知を行いました。ただし、深層学習を用いた異常検知はまだ研究段階に留まっており、実際のデータに対する応用については、依然として課題が残っています。

　本節では、学術論文からまとめた最新鋭の深層学習による異常検知について、レビューしながら紹介していきます。

1 ｜ 表面検査

　表面検査は、マシンビジョンと画像処理技術を駆使して表面欠陥を見つけだすもので、製造加工業界での品質管理の基幹技術として位置付けられています。近年、従来の機械学習による表面検査の前処理段階の特徴抽出手法として、**CNN** を応用する研究が進んでいます。

　一般的な表面欠陥である、汚れ、傷、バリ、摩耗は、画像としての十分なサンプル数と一定の解像度を有していれば、CNN を使った特徴抽出が非常に有効であることが報告されています [55] [56]。しかし、製造現場のデータにおいては、欠陥サンプル数が非常に少なく、それによってディープラーニングの応用が大きく制約されています。

　さて、ディープラーニングに基づいた小規模な訓練データにおける、効果的かつ汎用的な表面検査について、Tan ら [55] が報告しています。本論文では、事前学習済みの CNN モデルに基づいた**転移学習**が、表面検査における訓練データの不足と学習モデルのデータ依存性の問題に有効であることが示されています。工業業界における典型的な 4 種類の表面組織データである、熱間圧延ストリップ組織欠陥表面、金属パイプの溶接損傷表面、色欠損と組織欠陥の木材表面、金属合

金の微細構造欠陥表面を用いたベンチマークテストの結果では、マニュアル特徴抽出手法によるその他8種類の機械学習に比べて、転移学習は最も高い識別精度を示したことが明らかにされています。

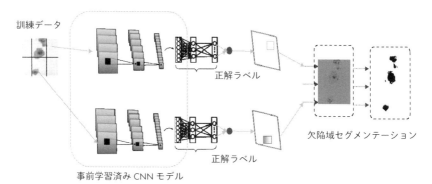

図 4.16　転移学習を用いた汎用型 CNN 学習モデル

　また、図 4.16 からわかるように、転移学習で抽出した特徴は、検査データをよく反映しています。オブジェクト識別においては、テクスチャや形状のような複数の情報が不可欠です。CNN は、そのレイヤー間の伝播を介して、さまざまなレベルの「表現」を学習します。

　図 4.17 は、提案手法が木材の欠陥から取得する情報の種類の例を示しています。上段はもとの画像、下段は、左から順に、最初の畳み込み層の特徴マップ（Conv1）、3 番目の畳み込み層の特徴マップ（Conv3）、5 番目の畳み込み層の特徴マップ（Conv3）です。低レベルのレイヤー（浅い層）は入力画像のエッジとテクスチャを検出し、高レベルのレイヤー（深層）は欠陥の高品質な機能マップを作成します。この例は、転移学習が自動表面検査ドメインに「非常に適応性がある」ことを示しています。

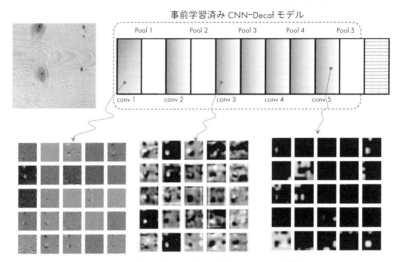

図 4.17　木材の欠陥に対する転移学習による特徴抽出

2 ｜ 故障評価

　製造システムは通常、劣化または異常な動作条件によって故障する可能性があり、これらの故障によって、過負荷・破損・過熱・腐食および摩耗を招きます。これらの故障は、運用コストの増加・生産性の低下・部品の無駄遣い・予期しないダウンタイムの原因となる可能性があります。

　スマートな製造を実現するためには、スマートな工場が機械の状態を常に監視し、初期の欠陥を特定し、故障の根本原因を診断し、そしてそれらの情報を製造の生産および制御に組み込むことがきわめて重要です。スマートセンサおよびオートメーションシステムから集められたデータを用いて、機械の故障診断および分類のために、深層学習技術が広く研究されてきました。これを**故障評価**といいます。

1　畳み込みニューラルネットワーク（CNN）

　CNN は、1 つのモデルで特徴学習と欠陥診断を統合し、ベアリング・ギアボックス・風力発電機・ローターなど多くの分野で活用されています。

　振動解析は、故障や機械の状態によって振動パターンが異なるため、回転機械を監視するための確立された技術です。Janssens[56] らは、マルチチャネル振動解析の周波数スペクトルに CNN を用いて調査しました。特徴学習を用いた場合、故障識別精度は 93.61％に達し、従来の特徴エンジンニアリング手法の 87.25％をはるかに超えたことを示しました。

　CNN はもともと画像解析のために開発されたので、時系列データから 2 次元入力を構築するために、さまざまな変換手法が検討されています。たとえば、時系列の 1 次元データを 2 次元行列に変換し、CNN に適した入力トポロジー変換手法の開発[57] や、wavelet scalogram を用いた学習モデルの識別精度の向上のための研究[58] などが行われています。これは、従来の時系列データを直接使用する方法と比べて、機械の故障特徴が 2 次元的により顕著に表現されるためです。

　2 手法の基本原理を、**図 4.18** に示します。1 次元的に表現しきれない特徴を 2 次元的に拡張すれば、いずれも明確的に現れ、CNN をはじめとする深層学習の事前データ処理の手法として非常に有望です。

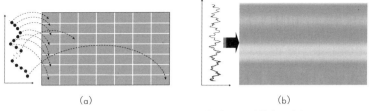

（a）　　　　　　　　　　　　　　（b）

図 4.18　1 次元データを 2 次元画像データに変換する手法

2　深層信念ネットワーク（DBN）

　深層信念ネットワーク（Deep Belief Network, 以下 **DBN**）は、複数の制限付きボルツマンマシン（RBM）を積み重ねたものです（**図 4.19**）。高速な推論と高次ネットワーク構造がエンコードできる利点を備えています。航空機エンジン・化学プロセス・往復圧縮機・転がり軸受・高速列車・風力タービンの故障診断などの分野で研究されています。CNN と同様に、DBM モデルの入力は生データではなく、ウェーブレット変換による前処理済みの特徴データを用いることが一般的です。

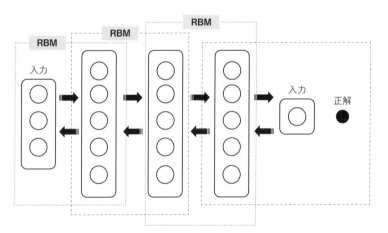

図 4.19　深層信念ネットワーク（DBM）のしくみ

3　自己符号化器（AutoEncoder）

　自己符号化器（AE）は、教師なし特徴抽出の手法として研究されています。自己受動型学習の範疇に入る学習手法で、入力した自己サンプルを教師データとして、サンプルの特徴を学習するのが目的になります（**図 4.20**）。

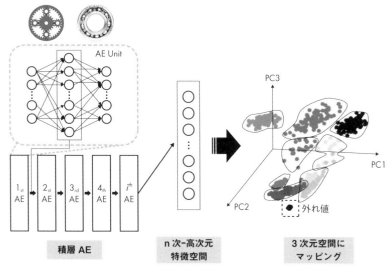

図 4.20 自己符号化器の encoder 生成器における入力データの特徴抽出

　多くの場合、学習された特徴は従来の機械学習モデルに適用され、可視化など
を通じて特徴を表現し、故障診断や寿命予測などに活用されています。たとえば、
5 層ニューラルネットワークを用いた AE の特徴学習機能で、さまざまな運転条
件下での遊星歯車装置や転がり軸受の故障診断に応用し、検証精度は 99％以上に
達成したと報告されています。

④ さまざまな派生型 AE

　AE は、従来のニューラルネットワーク識別器がもつ、過学習や入力データ依存
性などの欠点を有しています。そのため、さまざまな派生型 AE が開発されてい
ます。

　たとえば、誤差関数に正則項を導入した **Sparse AE**[23] [24]や、入力データに
意図的にノイズを付与し、ノイズ付与前のオリジナルデータを復元するように学
習を行う **Denoise AE**[25]などがあります。さらに、通常の線形近似を考慮した正
則項の代わりに、学習した特徴 $f(x)$ が入力したデータ x の敏感度——すなわちヤ
コビ行列のフロベニウスノルムを導入した **Contractive AE**[26]という手法が提案
されています。式は活性化関数 $s_f(x)$ に対応し、恒等変換の場合 Contractive AE
は Sparse AE や、Denoise AE と近似的に等価性関係をもっていることがすぐわか
ります。

$$h = f(x) = s_f(Wx + b) \tag{8}$$

$$\|J_f(x)\|_F^2 = \sum_{i,j} \left\{ \frac{\partial h_j(x)}{\partial x_i} \right\}^2 \tag{9}$$

⑤ エクストリーム・ラーニングマシン・オートエンコーダ(ELM–AE)

機械動作中に計画外の中断を回避し、メンテナンスコストを削減するためには、信頼性が高く素早い応答故障診断が不可欠です。迅速にリアルタイムで学習しながら故障診断を実現するには、ニューラルネットワークを訓練するための逆伝搬手法は非現実的です。そのために開発されたのが、**エクストリーム・ラーニング・マシン**(以下 **ELM**[59])です。

ELM は、従来の逆伝搬手法を用いて重み行列 w を更新するのではなく、基本的に順伝搬だけで学習ができるという「究極な(Extreme)」学習のしくみです。当手法の最大の特徴は、入力層と隠れ層の間の重み行列 w^{ih} が、学習ではなくランダム直行行列を使用することです。出力層と隠れ層の間の重み行列は、w^{ho} は隠れ層の出力行列 H の疑似逆行列 H^{-1} を用いて、$w^{ho} = H^{-1}x$ のように簡単に計算することができます。

また、**ELM–AE** とよばれる、ELM と AE を融合させた深層学習が開発されています。**図 4.21** は、ELM を隠れ層の学習モジュールとして使用して積層した AE の模式図です。

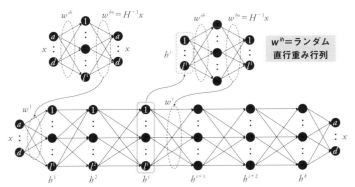

図 4.21　ELM を隠れ層の学習モジュールとして使用して積層した AE

ELM-AE を風力発電システムの故障診断に応用した事例では、従来の機械学習の 16 手法と比較したところ、ELM-AE は高精度を維持しつつ最速で故障診断できたことが報告されました [57]。この事例の場合、SVM より 8 倍早く学習できています。

⑥ 連続型積層オートエンコーダ（CSAE）

連続型積層オートエンコーダ（**CSAE** [60]）という拡張 AE モデルも提案されています。CSAE は、連続データにおける優れた識別精度、入力データにおける非線形特徴を抽出する能力などの利点が報告されています。

CSAE の特徴は、通常の活性化関数 φ_j に確率ガウシアンノイズ $N_j(0, 1)$ を導入し、$\varphi_j\{\sum_i w_{ij}x_i + b_i + \sigma \cdot N_j(0, 1)\}$ になることです。変圧器の故障診断手法の 1 つである溶存ガス分析（DGA）に応用したとき、従来の k 平均法や SVM、そして通常の ANN 逆伝搬法より、はるかに優れた識別精度が達成されました。

7　スパースフィルタリングに基づく深層 NN

弱学習器を使用したのは、スパースフィルタリングに基づく深層ニューラルネットワークです。サンプルをセグメントで分割し多数の弱学習器を用いた、アンサンブル学習のランダムフォレストやアダブースティングに似ています。

スパースフィルタリングの原理は非常に簡単で、$f = w^T x$ を l_2 ノルム球上に規格化し、l_1 ノルムの最小になるための w を学習します。さらに各弱学習器から学習した特徴を平均し、正解ラベルとの間にクロスエントロピー誤差関数を用いて、多値分類学習を行います。**図 4.22** は、このしくみを模式図で表現したものです。

このような 2 ステージ学習法を、軸受の振動信号と機関車用軸受の振動信号の故障診断に適用した事例では、従来の SVM や SOM（Self-organizing maps, 自己組織化写像）より 5〜10％の精度向上を実現しました [61]。

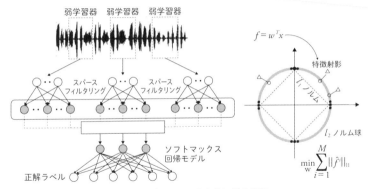

図 4.22　スパースフィルタリングの原理

8　深層学習と SVM を融合したマルチモーダル手法

　製造加工データの多くは連続実数値なので、通常の可視層と隠れ層とともに 2 値 (0, 1) のベルヌーイ分布をもつベルヌーイ型 RBM を応用することはできません。そのかわりに、可視層の入力値を、平均 a_i と分散 σ をもつガウス分布と仮定します。それによって、従来の RBM の学習式にバイアスとして定義した a_i の計算部分 $\sum a_i v_i$ を、$0.5\sigma^{-2}\sum (v_i - c_i)^2$ に変わります。また、従来の「連想記憶」、すなわち v を用いて、$h=1$ の確率を「連想」する確率分布 $p(h=1|\mathrm{v})$ は、通常のシグモイド関数 $f(\cdot)$ を用いて、以下に示した式で計算します。

$$\langle \mathrm{v}_i h_j \rangle_{model} = \sum_{\mathrm{v},\,h} \mathrm{v}_i h_j p(\mathrm{v,\,h}|\theta) \quad \longrightarrow \quad \langle \mathrm{v}_i h_j \rangle_{model} \approx \frac{1}{K}\sum_{\mathrm{r}=1}^{K} sv_i{}^r \cdot sh_j{}^r$$

$$\langle \mathrm{v}_i \rangle_{model} = \sum_{\mathrm{v},\,h} \mathrm{v}_i p(\mathrm{v,\,h}|\theta) \quad \longrightarrow \quad \langle \mathrm{v}_i \rangle_{model} \approx \frac{1}{K}\sum_{\mathrm{r}=1}^{K} sv_i{}^r$$

$$\langle h_j \rangle_{model} = \sum_{\mathrm{v},\,h} h_j p(\mathrm{v,\,h}|\theta) \quad \longrightarrow \quad \langle h_j \rangle_{model} \approx \frac{1}{K}\sum_{\mathrm{r}=1}^{K} sh_j{}^r$$

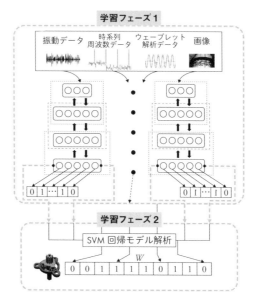

図 4.23　連続 RBM-DBN と SVM を融合した学習器のしくみ

　h を用いて v の連続実数値を「連想」する際に、平均 $a_j + \sigma \sum w_{ij} h_j$、分散 σ をもつガウス確率分布 $\mathcal{N}(\cdot)$ から、サンプリングした値を使用しています。この 2 つの条件付き確率分布が解析的に表現できれば、RBM の学習に必要とされる下記の 3 つの変数におけるモデルの期待値を、ギブスサンプリング法で近似的な平均値として計算できます。

　具体的に $p(\mathrm{v}, \mathrm{h}\,|\,\theta)$ をサンプリングするために、$p(\mathrm{v}\,|\,h, \theta)$ と $p(h\,|\,\mathrm{v}, \theta)$ を交互にサンプリングし、得られた $\{sv_1, sh_1\}$, $\{sv_2, sh_2\}$, $\{sv_3, sh_3\}$... $\{sv_i, sh_i\}$ から平均値を計算します。

　ただし、ニューラルネットワークの訓練とギブスサンプリング法との組み合わせは、非常に計算時間がかかります。そのため、「1-step ギブスサンプリング法」と比喩される CD-1 法や、「マルチステップ ギブスサンプリング法」に基づく CD-T 法や持続的 CD 法などが開発されています。

また、先述したように、RBM を多層化した手法として DBN があります。DBN と CD-1 法の組み合わせで、多層ニューラルネットワークの計算時間が劇的に短縮されました。これは、現在の深層学習の大流行の起爆剤になったといわれるほどの大きな貢献です。

　Cabrera らは、深層学習と SVM を融合したマルチモーダル学習手法を構築し、変速機械用ギアボックスの故障診断に応用[62] しました。ギアボックスの故障信号に数種類のモーダルを含めています。たとえば、振動信号データ・時系列周波数データ・ウェーブレットデータ・故障部位の写真データがあります。

　学習は 2 ステージで行われています。ステージ 1 では、それぞれのデータに対応した積層 RBM を用い、故障データのラベル信号を教師データとし多値分類用のクロスエントロピー誤差関数を用いて、誤差逆伝搬法でニューラルネットワークを訓練します。ステージ 2 では、学習済みのニューラルネットワークの重みを用いて、それぞれの積層 RBM の出力層のニューロンを SVM 回帰モジュールの入力層として使用します。SVM の重みマトリックス w を、誤差関数を用いて勾配降下法から求めることができます。

　この手法を故障データ解析に応用した結果、検証精度 97.08％を達成し、単独の積層 RBM の 92.08％や SVC の 54.75％より優れた故障診断能力を示しました。

4.3

異常解析分野の現状と課題

　スマートな製造の進化に伴い、ますます多くの機械にスマートセンサやIoTデバイスが搭載されていきます。複雑な解析に応えるために、特徴抽出と深いニューラルネットワークを融合した深層学習が高い識別予測精度をもたらし、大きな可能性を示しています。

　しかしながら、ビッグデータは大量かつ高速かつ多様であることを特徴としています。製造業界においてビッグデータを効率的に解析し、製造工程に応用するための深層学習導入には、依然としていくつかの課題があります[63]。

1 ｜ データの高次元性と非構造多様性

　機械学習においては、データが多ければより学習効果が高まるという経験則があります。そのため、深層学習の効果はデータセットの規模と質に強く依存し、かつ左右されます。これまでの深層学習は、限られた種類のデータ（たとえば、画像・音声・振動など）および明確に定義されたタスクに、優れた有効性を示してきました。

　近年、製造業界では、製造工程すべての段階にマルチセンサを取り込むようになりつつあります。深層学習をはじめとする多くの機械学習アルゴリズムは、そのような高次元・マルチモダリティ・および非構造化データを直接処理することは不可能であり、次元性の影響も受けやすいとわかっています。これがデータの高次元性の問題です。この課題には、次元削減による特徴抽出や正則項、ドロップアウト、ベイズ生成モデル解析などを適用することが一定の効果をもたらすと考えられます。

　データに関するもう1つの深刻な問題は、クラスの不均衡です。現実社会のデータ分布はかなり歪んだ分布を示し、ほとんどのデータは非常に数少ないクラ

スに属していることがわかっています。

たとえば、表面分析用のデータセットの多くは正常クラスであり、表面欠陥の
データセットは、通常、小さすぎて収集するのに費用がかかります。正常と欠陥
の比率は100：1から100万：1まで、非常に低く僅かな値になっています。した
がって、このようなデータの「破片」に、優劣を区別するための通常の分類手法
を適用することは困難です。このようなクラスの不均衡の問題に対処するため
に、クラス再サンプリング、ブートストラップ手法を深層学習と統合した、適切
な方法が必要になります[64]。

2 ｜ 学習結果の可読性と可視化

データ自体の性質の問題以外にも、可読性の問題があります。

深層学習の解析結果は、自分だけが理解していればいいものではありません。
現場のエンジニアなど、関係者がわかる形にできない場合、学習結果から提案さ
れた推奨事項の有用性がうまく伝わらず、結果的に適用されない可能性がありま
す。しかし深層ニューラルネットワークはモデルが複雑であり、内部の計算メカ
ニズムを説明することや、抽象的な特徴表現を物理的に解釈することが非常に困
難です。

学習された特徴やモデル構造の可視化は、計算結果の解読につながり、より複
雑な問題に対する深層学習モデルの構築・構成を容易にします。特徴抽出に関し
ても、専門家が過去の経験に基づき構築した数理特徴モデルは、すでに製造現場
でその有効性を実証されています。

可視化と特徴融合を用いて、深層学習による抽象特徴と数理特徴モデルを補完
することで、より効果的なモデルに寄与する可能性があります。可視化にはさま
ざまなツールがありますが、筆者は高次元データの可視化ツールであるトポロ
ジーデータ解析パッケージ（**ReNom-TDA**[53]）を強く推奨します。

深層学習は高度な分析機能を有し、ビッグデータの時代にスマートな製造分野
に大きな活躍が期待されています。本章では、製造業界の応用事例を提示しなが
ら、適応した深層学習の手法を紹介し、新たな研究動向を要約しました。現在ま
でにたくさんの高精度な解析結果が報告されていますが、製造加工業界における
深層学習のさらなる有効活用は、依然として数々の制限、厳しい挑戦と課題が残っ
ています。

参考文献

[1] Hochreiter, S., and Schmidhuber, J. Long Short-Term Memory. *Neural Comput.* **9**, 1735-1780（1997）.

[2] Cho, K., et al. Learning Phrase Representations using RNN Encoder-Decoder for Statistical Machine Translation. *ArXiv14061078 Cs Stat*（2014）.

[3] 沖本竜義. 経済・ファイナンスデータの計量時系列分析.（朝倉書店, 2010）.

[4] Granger, C. W. J. Investigating Causal Relations by Econometric Models and Cross-spectral Methods. *Econometrica.* **37**, 424（1969）.

[5] Bishop, C. M. Pattern recognition and machine learning.（Springer, 2006）.

[6] 中川裕志. 東京大学工学教程 機械学習.（丸善出版, 2015）.

[7] Wasserman, L. All of statistics: a concise course in statistical inference.（Springer, 2010）.

[8] James, G., et al. An introduction to statistical learning: with applications in R.（Springer, 2013）.

[9] Tibshirani, R. Grossary. http://statweb.stanford.edu/~tibs/stat315a/glossary.pdf

[10] 杉山将. イラストで学ぶ機械学習：最小二乗法による識別モデル学習を中心に.（講談社, 2013）.

[11] Koenker, R., and Hallock, K. F. Quantile Regression. *J. Econ. Perspect.* **15**, 143-156（2001）.

[12] Drucker, H., Burges, C. J. C., Kaufman,L., Smola, A., and Vapnik, V. Support vector regression machines. *Adv. Neural Inf. Process. Syst.* **9**, 155-161（1997）.

[13] Huber, P. J. Robust Estimation of a Location Parameter. *Ann. Math. Stat.* **35**, 73-101（1964）.

[14] Cortes, C. and Vapnik, V. Support-vector networks. *Mach. Learn.* **20**, 273-297（1995）.

[15] 久保拓弥. データ解析のための統計モデリング入門：一般化線形モデル・階層ベイズモデル・MCMC.（岩波書店, 2012）.

[16] 坂本俊之. 作ってわかる！アンサンブル学習アルゴリズム入門.（シーアンドアール研究所, 2019）.

[17] Breiman, L. Random Forests. *Mach. Learn.* **45**, 5-32（2001）.

[18] Freund, Y., and Schapire, R. E. A Decision-Theoretic Generalization of on-Line Learning and an Application to Boosting. *journal of computer and system sciences* **55**, 119-139（1997）.

[19] Friedman, J. H. Greedy Function Approximation: A Gradient Boosting Machine. *Ann. Stat.* **29**, 1189-1232（2001）.

[20] Chen, T., and Guestrin, C. XGBoost: A Scalable Tree Boosting System. *Proc. 22nd ACM SIGKDD Int. Conf. Knowl. Discov. Data Min.* 785-794（2016）doi:l0. l145/2939672.2939785.

[21] Hechtlinger, Y., Chakravarti, P. and Qin, J. A Generalization of Convolutional Neural Networks to Graph-Structured Data. *ArXiv170408165 Cs Stat*（2017）.

[22] 高橋慧, et al. 密度球を用いた GraphCNN 深層学習手法による渋滞予測. *人工知能学会全国大会論文集*. **JSAI2019**, 1J4J303-1J4J303（2019）.

[23] Arpit, D., Zhou, Y., Ngo, H. and Govindaraju, V. Why Regularized Auto-Encoders learn Sparse Representation? *ArXiv150505561 Cs Stat.*（2016）.

[24] Lee, H., Battle, A., Raina, R., and Ng, A. Y. Efficient sparse coding algorithms. *in Advances in Neural Information Processing Systems*. **19**, (eds. Schölkopf, B., Platt, J. C. & Hoffman, T.) 801-808（MIT Press, 2007）.

[25] Vincent, P., Larochelle, H., Lajoie, I., Bengio, Y. and Manzagol, P. A. Stacked Denoising Autoencoders: Learning Useful Representations in a Deep Network with a Local Denoising Criterion. *J Mach Learn Res.* **11**, 3371-3408（2010）.

[26] Rifai, S., Vincent, P., Muller, X., Glorot, X., and Bengio, Y. Contractive Auto-Encoders: Explicit Invariance During Feature Extraction. *ICML.* 833-840（2011）.

[27] 岡谷貴之. 深層学習（機械学習プロフェッショナルシリーズ）.（講談社, 2015）.

[28] Hinton, G. E., and Salakhutdinov, R. R. Reducing the Dimensionality of Data with Neural Networks. *Science.* **313**, 504-507（2006）.

[29] Maaten, L. van der and Hinton, G. Visualizing Data using t-SNE. *J. Mach. Learn. Res.* **9**, 2579-2605（2008）.

[30] Rumelhart, D. E., and Zipser, D. Feature Discovery by Competitive Learning. *Cogn. Sci.* **9**, 75-112（1985）.

[31] Kohonen, T., and Honkela, T. Kohonen network. *Scholarpedia.* **2**, 1568（2007）.

[32] MacQueen, J. Some methods for classification and analysis of multivariate observations. *in Proceedings of the Fifth Berkeley Symposium on Mathematical*

Statistics and Probability. **1**, 281-297（University of California Press, 1967）.

[33] Dempster, A. P., Laird, N. M., and Rubin, D. B. Maximum Likelihood from Incomplete Data via the EM Algorithm. *J. R. Stat. Soc. Ser. B Methodol.* **39**, 1-38（1977）.

[34] Kitagawa, G. Monte Carlo Filter and Smoother for Non-Gaussian Nonlinear State Space Models. J. *Comput. Graph. Stat.* **5**, 1（1996）.

[35] 井手剛. 入門 機械学習による異常検知：Rによる実践ガイド.（コロナ社, 2015）.

[36] Hotelling, H. The Generalization of Student's Ratio. *Ann. Math. Stat.* **2**, 360-378（1931）.

[37] 田口玄一. 診断と SN 比(2). *品質工学* **2**, 2-5（1994）.

[38] Altman, N. S. An Introduction to Kernel and Nearest-Neighbor Nonparametric Regression. *Am. Stat.* **46**, 175-185（1992）.

[39] Breunig, M. M., Kriegel, H.-P., Ng, R. T., and Sander, J. LOF: identifying density-based local outliers. *in Proceedings of the 2000 ACM SIGMOD international conference on Management of data - SIGMOD '00.* 93-104（ACM Press, 2000）. doi:10.1145/342009.335388.

[40] Fawcett, T. An introduction to ROC analysis. *Pattern Recognit. Lett.* **27**, 861-874（2006）.

[41] 横内大介 and 青木義充. 現場ですぐ使える時系列データ分析：データサイエンティストのための基礎知識.（技術評論社, 2014）.

[42] 島田直希. 時系列解析―自己回帰・状態空間モデル・異常検知.（共立出版, 2019）.

[43] 藤田一弥. 見えないものをさぐる―それがベイズ：ツールによる実践ベイズ統計. オーム社,（2015）.

[44] 片山徹. 応用カルマンフィルタ.（朝倉書店, 2000）.

[45] Kitagawa, G. The two-filter formula for smoothing and an implementation of the Gaussian-sum smoother. *Ann. Inst. Stat. Math.* **46**, 605-623（1994）.

[46] 野村俊一. カルマンフィルタ：Rを使った時系列予測と状態空間モデル.（共立出版, 2016）.

[47] @kenmatsu4 Python によるパーティクルフィルタの実装と状態空間モデルへの適用. https://qiita.com/kenmatsu4/items/c5232b1499dfd00e877d（2017）.

[48] Multivariate-Time-Series-Forecasting-of-Air-Pollution-at-US-embassy-in-Beijing-using-LSTM. https://github.com/abairy/Multivariate-Time-Series-Forecasting-of-Air-Pollution-at-US-embassy-in-Beijing-using-LSTM（2019）.

[49] LeCun, Y., Bengio, Y., and Hinton, G. Deep learning. *Nature* **521**, 436-444 (2015).

[50] Goodfellow, I. J., et al. Generative Adversarial Networks. *ArXiv14062661 Cs Stat* (2014).

[51] Malhotra, P., Vig, L., Shroff, G. and Agarwal, P. Long Short Term Memory Networks for Anomaly Detection in Time Series. *Comput. Intell.* **6** (2015).

[52] Sutskever, I., Vinyals, O. and Le, Q. V. Sequence to Sequence Learning with Neural Networks. *ArXiv14093215 Cs* (2014).

[53] ReNom. https://www.renom.jp/ (2016).

[54] Schlegl, T., Seeböck, P., Waldstein, S. M., Schmidt-Erfurth, U. and Langs, G. Unsupervised Anomaly Detection with Generative Adversarial Networks to Guide Marker Discovery. *ArXiv170305921 Cs* (2017).

[55] Ren, R., Hung, T. and Tan, K. C. A Generic Deep-Learning-Based Approach for Automated Surface Inspection. *IEEE Trans. Cybern.* **48**, 12 (2018).

[56] Janssens, O., et al. Convolutional Neural Network Based Fault Detection for Rotating Machinery. *J. Sound Vib.* **377**, 331-345 (2016).

[57] Lu, C. Fault diagnosis of rotary machinery components using a stacked denoising autoencoder-based health state identification. *Signal Process.* **13** (2017).

[58] Wang, P. Virtualization and deep recognition for system fault classification. *J. Manuf. Syst.* **8** (2017).

[59] Kasun, L. L. C., Zhou, H., Huang, G.-B., and Vong, C. M. Representational Learning with Extreme Learning Machine for Big Data. *IEEE Intell Syst.* 31-34 (2013).

[60] Wang, L. Transformer fault diagnosis using continuous sparse autoencoder. *SpingerPlus*, **5**, 1-13 (2016).

[61] Lei, Y., Jia, F., Lin, J., Xing, S., and Ding, S. X. An Intelligent Fault Diagnosis Method Using Unsupervised Feature Learning Towards Mechanical Big Data. *IEEE Trans. Ind. Electron.* **63**, 11 (2016).

[62] Li, C. Multimodal deep support vector classification with homologous features and its application to gearbox fault diagnosis. **9** (2015).

[63] Kusiak, A. Smart manufacturing must embrace big data. *Nature.* **544**, 23-25 (2017).

[64] Khan, S. H., Hayat, M., Bennamoun, M., Sohel, F. A. & Togneri, R. Cost-Sensitive Learning of Deep Feature Representations From Imbalanced Data. *IEEE Trans. NEURAL Netw. Learn. Syst.* **29**, 15 (2018).

索引

数字

0/1 誤差関数	25
2 乗誤差	23

A

ACF	151
AdaBoost	25, 44, 123
ADF 検定	150
AE（Auto Encoder）	68, 119, 220, 247
AIC	153, 197
anoGAN	229
ARIMA モデル	163
ARMA モデル	160
AR 過程	150
AR モデル	148
AUC	134

B

BIC	199

C

C-GraphCNN	54
CNN	54, 246
Contractive AE	70, 248
CSAE	250

D

DBN	247
Denoise AE	70, 248
D-GraphCNN	57

E

ECG データ	197
ELM-AE	249
Embedding	74
Embed 関数	208
EM法（Expectation maximization algorithm）	85, 117

F

F 値	130

G

GBDT	47
GraphCNN	54
Grid Search 法	164

H

Huber 誤差関数	23

I

In-sample 法	155, 196

K

Keras	188
KL ダイバージェンス	76
k 基準点	110
k 近傍法	110
k 平均法（k-means）	83, 115

L

LOF	111
LSTM	4, 188, 235
LSTM-RNN	192

M

MA 過程	156
MA モデル	156

N

NN	54

O

One-Hot エンコーディング	11
Out-of-sample 法	155, 197

P

PACF ──────────────── 151

R

RBM ──────────────── 70, 119
ReNom ──────────────── 220
ROC 曲線 ──────────────── 130, 132

S

SARIMA モデル ──────────────── 167
scikit-learn ──────────────── 136, 187
scipy. stats ──────────────── 101
seaborn ──────────────── 100
seq2seq ──────────────── 220
SMC ──────────────── 88
SOM ──────────────── 82
Sparse AE ──────────────── 70, 248
statsmodels ──────────────── 151
SVM ──────────────── 25, 29, 124

T

TensorFlow ──────────────── 37
t-SNE ──────────────── 72

X

XG ブースティング ──────────────── 50, 123, 124

ギリシャ文字

ε 一不感誤差関数 ──────────────── 23, 35
τ 一分位誤差関数 ──────────────── 23

あ行

赤池情報量基準 ──────────────── 199
アンサンブル学習 ──────────────── 38
異常検知 ──────────────── 2, 92
異常度 ──────────────── 95
異常度閾値 ──────────────── 97
一般化加法モデル ──────────────── 27
移動平均モデル ──────────────── 156
埋め込み ──────────────── 74
エクストリーム・ラーニングマシン・
　オートエンコーダ ──────────────── 249
重み ──────────────── 17

か行

カーネル関数 ──────────────── 31
カーネル関数行列 ──────────────── 31
回帰 ──────────────── 17, 22
ガウシアンカーネル ──────────────── 57
過学習 ──────────────── 12
学習率 ──────────────── 47
拡張カルマンフィルタ ──────────────── 180
加重ジニ係数 ──────────────── 40
カルバック・ライブラー情報量 ──────────────── 76
カルマンゲイン ──────────────── 173
関数近似 ──────────────── 121
関数値 ──────────────── 12
感度 ──────────────── 129
機械学習モデル ──────────────── 7, 21, 28
季節性自己回帰和分移動平均モデル ────── 167
ギブスサンプリング ──────────────── 72
競合学習 ──────────────── 79
教師あり学習 ──────────────── 11, 17
教師なし学習 ──────────────── 11, 60
共和分 ──────────────── 156
局所異常度 ──────────────── 111
局所外れ値因子法 ──────────────── 111
クラスタリング ──────────────── 60
訓練データ ──────────────── 10, 11
決定木 ──────────────── 38
勾配ブースティング決定木 ──────────────── 47
勾配法 ──────────────── 44
誤差関数 ──────────────── 11, 96
誤報率 ──────────────── 130
混合ガウス分布 ──────────────── 180
混同行列 ──────────────── 125

さ行

再帰型ニューラルネットワーク ──────────────── 188
再現率 ──────────────── 129
再構成誤差 ──────────────── 118
再構成誤差関数 ──────────────── 118
サポートベクトル ──────────────── 29
サポートベクトルマシン ──────────────── 25, 29, 124
サンプルデータ ──────────────── 10
時間窓 ──────────────── 205
時系列データ ──────────────── 3, 139

次元削減 60
自己回帰 146
自己回帰移動平均モデル 160
自己回帰モデル 148
自己回帰和分移動平均モデル 163
自己相関 151
自己組織化マップ 82
自己符号化器 68, 119, 220, 247
重回帰モデル 26
ジニ係数 40
主成分分析 62, 117
状態空間モデル 170
情報ロス 73
深層信念ネットワーク 247
スライド窓 k 近傍法 204
正解値 11
正解率 129
正規乱数ノイズ 152
精度 129
制約付きボルツマンマシン 70, 119
線形モデル 26

た行
タグチ指標 107
畳み込みニューラルネットワーク 54, 246
逐次型モンテカルロ探索 88
直列アンサンブル 41
定常過程 150
定常性 140
定常性検定 144, 150
適合率 129
転移学習 243
統計モデル 7, 20, 25
特徴抽出 60

な行
ニューラルネットワーク 54
入力値 11

は行
バイアス 13, 93
外れ値 14
パラメータ 17
バリアンス 13, 93
非勾配法 44
非時系列データ 3, 91
ヒンジ誤差関数 25, 30
フィルタ 56
フィルタリング 173
ブースティング 41
ブートストラップ 42
分位点法 98
分類 24
ベイジャン型粒子フィルタ 87
ベイズ情報量基準 199
並列アンサンブル 41
べき誤差関数 46
偏自己相関 151
ホテリング法 100
ホワイトノイズ 152

ま行
マージン 25
マハラノビス＝タグチ法 107
マハラノビス距離 96
見せかけの回帰 4, 155
モンテカルロ粒子フィルタ 89, 184

や行
予測値 12

ら行
ラグ 188
ラベリング法 102
ランダムフォレスト 38, 42, 123, 215
ランプ誤差関数 33
粒子型カルマンフィルタ 180
リンク関数 26
連続型積層オートエンコーダ 250

〈著者略歴〉

曽我部東馬 （そがべ　とうま）

理学博士（物理学専攻）。マックス・プランク研究所（独）博士研究員、ケンブリッジ大学（英）研究員を経て、2009 年帰国、株式会社グリッドの設立に携わり、取締役最高技術責任者を務める。2011 年より東京大学先端科学技術研究センター特任助教、特任准教授を歴任、2016 年 3 月電気通信大学准教授、株式会社グリッド取締役（兼務）、東京大学先端科学技術研究センター客員研究員（兼務）、現在に至る。
「深層学習-深層強化学習-回帰予測-最適化」機能横断型機械学習フレームワーク∞ReNomの産みの親として知られ、現在、人工知能を用いた、量子物理デバイスの最適化設計、量子コンピュータの最適化制御、そして、スマートグリッドをはじめとする社会インフラ全般における最適化研究に精力的に取り組んでいる。

〈監修者略歴〉

曽 我 部 完 （そがべ　まさる）

株式会社グリッド代表取締役社長。AI ビジネス推進コンソーシアム会長。
2009 年株式会社グリッドを創業。エネルギー、交通、物流、都市開発などの社会インフラの変革を通じて社会課題の解決に取り組み、人工知能の更なるブレークスルーを生み出す事を目指し、最前線で活動している。

Python による異常検知

2021 年 2 月 20 日　　第 1 版第 1 刷発行
2022 年 7 月 10 日　　第 1 版第 5 刷発行

著　　　者　曽我部東馬
監 修 者　曽 我 部 完
発 行 者　村 上 和 夫
発 行 所　株式会社 オーム社
　　　　　郵便番号　101-8460
　　　　　東京都千代田区神田錦町 3-1
　　　　　電話　03(3233)0641（代表）
　　　　　URL　https://www.ohmsha.co.jp/

© 曽我部東馬・曽我部完 2021

印刷　三美印刷　　製本　牧製本印刷
ISBN978-4-274-22541-3　Printed in Japan

本書の感想募集　https://www.ohmsha.co.jp/kansou/

本書をお読みになった感想を上記サイトまでお寄せください。
お寄せいただいた方には、抽選でプレゼントを差し上げます。